罗汉鱼

名品珍品养护与鉴赏

胡南波◎编著

IC 吉林科学技术出版社

图书在版编目（CIP）数据

罗汉鱼：名品珍品养护与鉴赏 / 胡南波编著. --
长春：吉林科学技术出版社，2017.11
　ISBN 978-7-5578-3043-4

　Ⅰ. ①罗… Ⅱ. ①胡… Ⅲ. ①观赏鱼类－鱼类养殖
Ⅳ. ①S965.8

中国版本图书馆CIP数据核字(2017)第206530号

罗汉鱼：名品珍品养护与鉴赏

LUOHANYU: MINGPIN ZHENPIN YANGHU YU JIANSHANG

编　　著	胡南波
出 版 人	李　梁
选题策划	张海艳
责任编辑	周　禹　张　超
特约编辑	张海艳
封面设计	太空娃娃
制　　版	雅硕图文工作室
开　　本	880 mm×1230 mm　1/24
字　　数	160千字
印　　张	7
印　　数	1-3000
版　　次	2017年11月第1版
印　　次	2017年11月第1次印刷

出　　版　吉林科学技术出版社
发　　行　吉林科学技术出版社
地　　址　长春市人民大街4646号
邮　　编　130021
发行部电话/传真　0431-85635176　85651759　85635177
　　　　　　　　　　　　85651628　85652585
储运部电话　0431-86059116
编辑部电话　0431-85642539
网　　址　www.jlstp.net
印　　刷　吉林省创美堂印刷有限公司

书　　号　ISBN 978-7-5578-3043-4
定　　价　49.90元

罗汉鱼，中文总称"彩鲷"，意为"多姿多彩慈鲷"，又名"花罗汉"，是近年来诞生的一类人工观赏鱼，也是市场上比较常见的观赏鱼品种。

罗汉鱼常常被人们称为"美丽的霸王"。因为它们不仅具有威武雄壮的王者气势、艳丽夺目的动人色彩、极具人性化的可爱外形，最令广大观赏鱼爱好者沉醉其中难以自拔的便是它们与饲主之间的互动。只要主人靠近鱼缸，它们便会亲昵地游上前与主人嬉戏玩耍、回游翻转，当主人把手伸入缸中它们会温顺地依偎在主人的手中，享受爱抚，就如同小猫、小狗一样通人性，一样可爱。

那么，如何养护以及欣赏这种观赏鱼呢？本书分五大部分进行了全面讲述。第一部分先从罗汉鱼的起源讲起，介绍了罗汉鱼的发展史，编者又根据现今市场上比较流行的罗汉鱼品种对其进行了分类，使初次接触罗汉鱼的爱好者能做到心中有数；第二部分主要讲了如何养一条健康的罗汉鱼，介绍了怎么挑选罗汉鱼、水族箱、照明和保温设备以及喂养和繁殖罗汉鱼等；第三部分是对罗汉鱼疾病的防治，包括疾病发生原因及治疗方法等的讲述；第四部分是对罗汉鱼的精彩鉴赏，在这里，编者挑选了45条罗汉鱼，分别从体型、颜色、花纹、额头、眼睛等方面进行重点品鉴，每条鱼都各具特色，有其独特的欣赏价值。更值一提的是，在这些罗汉鱼中，有10条左右分别拿过泰国罗汉鱼比赛的大奖，每一条都是独一无二的。最后一部分附录是对第三部分的补充讲述，主要介绍了治疗罗汉鱼疾病的几种常见药物及其性质、作用和用法等。

　　相信当你读完本书时，一定会被这种既可爱又"霸道"的鱼儿吸引。那么，就让我们赶紧翻看书中的精彩内容吧！

目　录

Part 3 罗汉鱼鱼病防治

Part 4 罗汉鱼鉴赏

附录 常用药物名称及用法速查

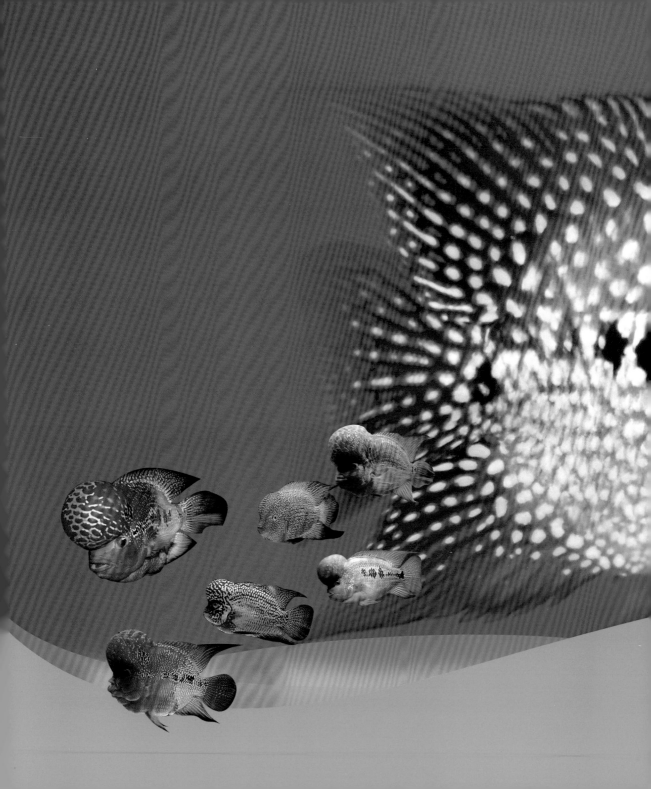

初识多彩罗汉鱼

罗汉鱼（学名：*Cichlasoma spp.*，英文名：*Rajah Cichlasoma*，*Horn*）也称为彩鲷、花罗汉等，生物分类学上隶属于脊索动物门硬骨鱼纲鲈形目慈鲷科慈鲷属（脊索动物门→硬骨鱼纲→鲈形目→慈鲷科→慈鲷属）。

幼年罗汉鱼

亚成年罗汉鱼

成年罗汉鱼

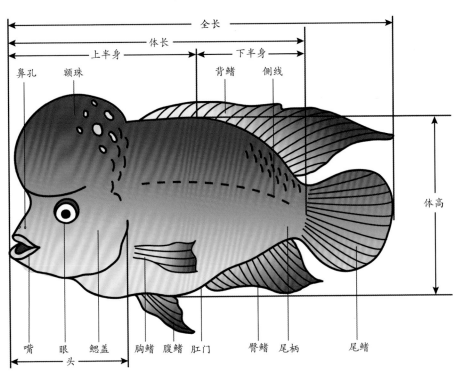

形态特征图

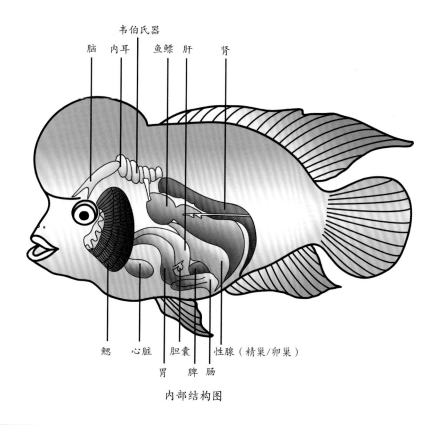

脑　内耳　韦伯氏器　鱼鳔　肝　肾

鳃　心脏　胆囊　性腺（精巢/卵巢）

胃　脾　肠

内部结构图

二、罗汉鱼的起源

　　有关罗汉鱼的起源众说纷纭，且其配种和繁殖一直是养殖业者保守的秘密。但现今比较认同的说法是马来西亚、泰国乃至中国台湾都存在罗汉鱼的前身。自1996年马来西亚的谢玉锹先生培育出第一代花罗汉到现在，罗汉鱼诞生已经20余年了。现如今，罗汉鱼已经成为泰国人的骄傲。经过不断地改良和繁育，罗汉鱼已由最初的花角品系发展到了现在的珍珠系、马骝系及金花系等等。配种上大体由青金虎（*Cichlasoma trimaculatus*）、紫红火口（*Cichlasoma synapilum*）、九间波罗（*Cichlasoma nigrofasciatum*）、金钱豹（*Cichlasoma acrpinte*）和金刚鹦鹉、红魔鬼等等种鱼通过复杂的杂交才得到我们所看到的威武雄壮、颜色艳丽的罗汉鱼。因为

罗汉鱼繁育相对较难，且各养殖场都将种鱼的来源视为机密，因此在任一罗汉鱼的亲代来源上我们都只能做出大体的推断。

三、罗汉鱼的发展

　　我国早年养殖的罗汉鱼主要为一些原始品种和随机配对繁殖出来的品种，品相不好。最近几年随着人们生活水平逐渐提高、养鱼爱好者对罗汉鱼研究的深入以及商家从国外进口优良品种，罗汉鱼已经被更多的人所了解，几乎每一个水族市场都有罗汉鱼在售卖。另外，频频有超高价罗汉鱼出现的报道。例如2005年乌鲁木齐市宠物鱼市场上一条罗汉鱼身上两侧分别长有"好玉公"和"好口"文字，最终以66万元售出。2009年内蒙古乌兰浩特市一家水族馆里，一条罗汉鱼的脊背上长出"热"字，多人想以高价买走却被店家拒绝。2013年10月19日吉和网报道，长春市民韩先生所养的一条通体透红的罗汉鱼被人出价一万元。

随着资讯的发达、国内外交流的深入以及国内各种罗汉鱼爱好者论坛、网站的建立，国内的罗汉鱼爱好者有了更便捷的交流及购买平台。国内罗汉鱼饲养爱好者正逐渐步入理性选择、正确饲养的阶段。

四、罗汉鱼的分类

经过多年的优胜劣汰，由于种种原因，罗汉鱼的很多品种已经渐渐退出了历史舞台。笔者对如今市场上比较热门且常见的品种进行了整理和归类。因为罗汉鱼属于杂交鱼（罗汉鱼的产生本身就是杂交，后代又可能存在不同品种罗汉鱼之间的杂交，且同一条鱼在生长过程中也存在变异现象），业界尚未制定统一的分类标准，各种品系的归类及叫法多年来一直都存在着争议，每个罗汉鱼玩家都觉得自己的知识和见解是正确的，所以笔者以个人的经验及业界普遍的认同进行了如下分类。现在普遍认同的分法是以基因为标准，分为珍珠系、马骝系、金花系和其他品种。

（一）珍珠系

　　市面上最多的是珍珠系罗汉鱼。由于其起头较早，身体墨斑和颜色漂亮，加上数量比较多，价格相对来说较为便宜，目前是市场上销售的主力。

● 鸿运当头罗汉

　　鸿运当头罗汉是罗汉鱼中比较常见的品种，同时也可以说是罗汉鱼中标志性的品种。鸿运当头罗汉是珍珠苗中的优良个体，珍珠苗养大后达到一定标准才能算是鸿运当头罗汉。所以，罗汉鱼中并不存在鸿运当头罗汉的鱼苗。鸿运当头罗汉的标志是头瘤红色或布满荔枝点，前半身也是红色，只有能达到上述特点的优良个体才可称作鸿运当头罗汉。

● 黄金罗汉

　　黄金罗汉是罗汉鱼基因鱼种褪纱后形成的特有品种，个别珍珠系的罗汉鱼特别是鸿运罗汉，经过褪纱后就变成了黄金罗汉。黄金罗汉的特征是无墨斑，眼睛红色，前半身浅红色，后半身金黄色。以前的鉴别标准一般来说黄金罗汉的身体红色不能超过三分之一，但由于人们的欣赏眼光不同，现在已经没有一个标准的鉴别方

式了，很多黄金罗汉甚至是全身只有红白色，而没有以前的金黄色了。

● **满银罗汉**

　　满银罗汉属于罗汉鱼里的后起之秀，是泰国最近几年繁育出来的一个新品种。满银罗汉身上的颜色比较单调，没有过多的墨斑，看上去只有全身的银蓝色。由于它是新品种罗汉鱼，所以数量并不多，高品质个体更是很少，大部分个体都是鱼身两侧遍布银亮色，头上正中间却是暗灰色的。水头大、全身及整个水头包满银蓝色亮片的满银罗汉个体实在太少了。有人觉得满银罗汉一定得是红眼，不是红眼的就不是满银罗汉，其实这种观点是错误的，满银罗汉现在也有白眼的，就像金花罗汉中也有红眼金花一样。

（二）马骝系

　　马骝是广东话猴子的意思，是因为头大脸短，脸部鼓出具有猴脸特征而得名。马骝系的典型标志是身体上的亮片及水头、鳃盖上的拉线。头型前倾（类似金花），大多数以肉头和半水头为主，眼圈大部分为红色，也有个别白眼、具有金花血统的个体。接近平嘴，但大多数个体都或多或少有些地包天，尾鳍介于圆形尾与扇形尾之间（宽大有扇形特征，但边缘为圆形，很类似于东北二人转中使用的扇子），身材偏方正、饱满（类似金花）。

● 金马骝罗汉

金马骝罗汉是马骝系里面的一个代表性品种，原产于马来西亚。早期的金马骝罗汉亮片不是很强，金线拉线并不完美。在泰国人不断繁育和改良的基础上，如今的金马骝罗汉金线拉线和亮度都具有很高的品质，已经渐渐形成了一个稳定的品系。

● 帝王马骝罗汉

帝王马骝罗汉也是马骝系里面的一个代表性品种。以前帝王马骝罗汉的鉴赏标准是拉线要包满头，身上的金线密度要很高，还有一个特征是必须要有双排花墨斑，墨斑要连成一条龙，不然就不能称之为帝王马骝罗汉。现在的帝王马骝罗汉大多都达不到这样高的标准了，很多都没有双排花和金线包头，但因其具有帝王马骝罗汉的基因和外观，所以这样的罗汉鱼仍旧被称之为帝王马骝罗汉。罗汉鱼界也是因为如此才会引发很多争议，那些不计较太多外观要求的鱼友就认同这种帝王马骝罗汉，而一些坚持原则性要求标准的鱼友就不认同了。

重金属马骝罗汉

　　重金属马骝罗汉也是近几年由泰国人繁育出来的。重金属马骝罗汉，顾名思义，就是罗汉鱼全身必须要布满重金属感很强的亮片，如果达不到这个标准就不能称为重金属了。换句话说，重金属其实是一个要求标准，严格意义上来说不能算得上是一个品种。所以，不管是金马骝罗汉还是帝王马骝罗汉等等，它们都有重金属特征的存在，但一般来说重金属罗汉鱼的墨斑比较少且不明显。

珍珠马骝罗汉

　　珍珠马骝罗汉是由最初的金马骝罗汉和珍珠罗汉杂交繁殖出来的，所以外观方面它既具有珍珠罗汉的体型又带有些金马骝罗汉的亮片金点，且以蓝色亮片居多。珍珠马骝罗汉如今可以称得上是老版鱼了，目前市场上还经常能看到它的身影存在，价格方面也相对便宜一些。但随着罗汉鱼品种的优胜劣汰以及人们鉴赏眼光的提高，这个品种的罗汉鱼将会逐渐被淘汰，从而退出罗汉鱼市场。

● 红马骝罗汉

　　红马骝罗汉是罗汉鱼里面最难饲养、脾气最暴躁、最凶悍的一种，这种鱼绝不适合与其他鱼混养。它就像一匹烈马一样，饲养得好会跟主人温顺互动，饲养得不好经常是水头缩了几个月都恢复不过来。红马骝罗汉也是罗汉鱼里面智商最高的。说起红马骝罗汉的历史，早期的红马骝罗汉身上是不会起纱褪纱的，跟现在的样子看起来完全不一样。后来经过不断地改良，红马骝罗汉就变成现在这样的全红个体了。其实红马骝罗汉应该属于金花系的罗汉鱼，但很多人都喜欢把它归类于现在的马骝系。它身上几乎没什么亮片，跟我们所认识的一般的马骝系罗汉鱼不太一样。红马骝罗汉的饲养也与别的罗汉鱼不同，它喜欢高水压，所以饲养红马骝罗汉最好选用高缸，水位线在60以上。红马骝罗汉也不喜欢太亮的光线，所以饲养红马骝罗汉要选择暗一点的灯光，最好不要选用LED灯照射，用灯管效果会比较好。好的红马骝罗汉个体非常少，偶尔见到一条也是头型和颜色都不怎么好看的。其实就是在泰国，红马骝罗汉也是很少见的。因为红马骝罗汉这种鱼基因非常不稳定，如今泰国人也不怎么愿意繁殖了，还在继续繁殖的养鱼场也就还剩那么几家。

（三）金花系

　　金花系罗汉鱼体呈方形，尾为伞状，成熟比较晚，但寿命较长。额珠一般头为"炮弹头"，一岁半后表现出极高的观赏价值。金花系以白眼为佳，也有红眼和橙色眼。身上的颜色较为多样化且色彩艳丽，体侧的珠点也较多，有些鱼甚至全身布满细密的珠点和亮线。金花品系罗汉鱼是一种具有强大潜在观赏价值的罗汉鱼品种，优秀的个体也是罗汉鱼里面价格比较高的。其外在表现是：

彩虹类和幻彩类。全身红或前半身红，有少量亮片，体型较大的就归为金花系了。

泰金和蛇纹金花类。蛇纹的意思顾名思义，就是身上的金属亮片花纹像蛇一样蜿蜒曲直，也有一些是全身大部分纹路盘卷型的。（一条龙是指罗汉鱼身体两侧中间各自的那一道墨斑，从尾部开始到鱼鳃处连成一条墨迹，中间没有任何中断。如果有中断的，则不属于一条龙。注意：蛇纹是指鱼的亮片；一条龙是指鱼的墨迹，请勿混淆。）

● 帝王金花罗汉

帝王金花罗汉是金花系罗汉鱼里面的标志性品种。金花系罗汉鱼拥有比珍珠系罗汉鱼更雄伟的体魄，特别是三鳍以及尾巴更加宽大飘逸。品质好的金花罗汉讲究三鳍包尾，就像图片上的这条冠军亚成金花罗汉一样，扇形尾跟上下鳍之间包合的没有缝隙。品质好的帝王金花罗汉的特征是要有炮弹头，眼睛白色，上下唇的长短一样（俗称平嘴），头上金线要包满。有

的人还认为要双排花，墨斑方面要一条龙。但说实话，能满足上面所有特征的帝王金花罗汉少之又少，所以现在泰国很多金花系的罗汉鱼只要外形满足一些上面所列标准的，就被称之为帝王金花罗汉了。也正是因为如此，罗汉鱼才被称之为争议鱼。以前金花系的罗汉鱼喜欢老水，一个月换一次水就够了。但随着繁殖改良，现在的金花系罗汉鱼身体基因已经有了变化，饲养方面更偏向于珍珠系了，笔者现在饲养金花系的罗汉鱼都是一个月换三次水。

● 重金属金花罗汉

　　重金属金花罗汉与重金属马骝罗汉其实本质上是一样的，都是最近几年才由泰国人繁育出来的，不能算得上是一个品种。相比之下，重金属金花罗汉在体型和后三鳍方面比重金属马骝罗汉看起来更为宽大雄厚，但金花系的重金属罗汉鱼要少见一些。重金属的罗汉鱼由于全身都布满了金属感很强的亮片，所以在鱼缸不开灯的情况下看起来也是闪亮夺目，就像一块金属片在游动。

● 彩虹金花罗汉

　　彩虹金花罗汉最早是由马来西亚人繁殖出来的，但后来泰国与中国都有繁殖，所以有时候彩虹金花罗汉也被叫作国产金花罗汉。彩虹金花罗汉的外观特征是前半身红色，后半身浅黄色或乳白色，身体上几乎没有什么亮片。墨斑较少，小时候会有些墨斑，但成年后会渐渐褪去，也有一些会保留下来，但这取决于罗汉鱼本身的基因。有些人认为彩虹金花罗汉就一定是完全没有墨斑，其实仅凭这一点来作为判断彩虹金花罗汉的标准是不准确的。

● 幻彩金花罗汉

　　幻彩金花罗汉跟彩虹金花罗汉长得有些相似，都是前半身红色后半身浅黄色或乳白色，身上没有什么亮片，墨斑也较少。幻彩金花罗汉跟彩虹金花罗汉在鱼苗期几乎并无差别，只是成年后幻彩金花罗汉后半身的纹理居多，三鳍的颜色比较深一些，以致一些人误认为幻彩金花罗汉跟彩虹金花罗汉就是同一个品种的罗汉鱼。说实话，笔者有时候也觉得这两种鱼真的看起来差不多。有些人认为它们的区别是幻彩金花罗汉有墨斑，而彩虹金花罗汉没有，但对这个说法笔者个人觉得并不正确。现在的罗汉鱼本身品种就比较杂乱，就拿金花罗汉鱼来说，以前的说法是金花一定要白眼，不然就不是金花。但现在很多金花罗汉鱼

红色眼和橙色眼的都有，而在泰国罗汉鱼大赛上很多冠军金花的眼睛也都是红色的，难道我们就能说它不是一条金花罗汉鱼了么？幻彩金花罗汉和彩虹金花罗汉在我们国内都有繁殖。

（四）其他品种

由于近年来大家对有些罗汉鱼的归类一直争议不休，笔者在这里将它们单独归类进行讲述。

● 德萨金花罗汉

因为名字中带有"德萨"二字，很多人误认为德萨金花罗汉是由德萨斯罗汉和金花罗汉繁殖出来的。其实不然，德萨金花罗汉最早是由德州豹罗汉和金花系的罗汉鱼杂交出来的，是一个新的品种。所以笔者个人觉得从理论上来讲，德萨金花罗汉应该叫德州金花罗汉才对。现在之所以被叫作德萨金花罗汉，是因为后来泰国的

繁殖者们也有用德萨斯罗汉和金花系的罗汉鱼繁殖出新品种，也将其归类为德萨金花罗汉。所以不管是德州豹罗汉还是德萨斯罗汉跟金花罗汉繁殖出来的罗汉鱼，都统一被叫作德萨金花罗汉了。这类鱼既有红德萨斯罗汉的艳丽，又有金花罗汉的头型，所以已经成为现在罗汉鱼界里的一个新宠。

● 雪山罗汉

雪山罗汉是一种很少见的品种，最早源于马来西亚。一般分为两种，一种是全色雪白像白色绸缎一样，一种是红白相间，通常来说以纯雪白的为好。雪山罗汉正常来说是没有鱼苗的，它属于褪纱变化而来，但现在泰国却有人能繁殖出雪山罗汉来。其实雪山罗汉最开始是由马来西亚的一个叫作罗力仔的繁殖者繁育出来的。关于雪山罗汉这个品种一直是一个谜，传说繁殖的温度和时间都决定了子代的成活率和品质好坏，而能繁殖的养鱼场也将其当作不会外透的秘密。在这里有一点值得注意的是，罗汉鱼里有一种通过基因变化而来，外观方面长得有些像雪山罗汉，但品质很低，体质很差且非常容易生病的鱼，这种鱼在泰国被叫作扒皮鱼。很多扒皮鱼在饲养过程中会出现返纱的情况，属于罗汉鱼中的次品。一些不良商家会鱼目混珠将其忽悠成雪山罗汉卖给罗汉鱼新手，笔者刚开始接触罗汉鱼时就吃过这方面的亏。雪山罗汉正常来说属于金花系，但由于它的特殊性，很多人喜欢把它单独列为一个品种。

● 金花马骝罗汉

金花马骝罗汉，顾名思义，是金花系跟马骝系的罗汉鱼杂交繁殖出来的，其产自泰国，也是最近几年才有的一个新品种。金花马骝罗汉拥有着金花系罗汉鱼的宽大扇形三鳍，也有着马骝系罗汉鱼身上的金线亮片。金花马骝罗汉的最大特点就是大部分都是红眼睛。有人说金花马骝罗

汉属于金花系，也有人说它属于马骝系，笔者个人观点倾向于将其列为一个单独的品种。

● 德萨斯罗汉

说起德萨斯罗汉，因为饲养的人比较少，大部分人对它都是听过其名却又不是很了解。再有就是对于德萨斯罗汉还算不算得上是罗汉鱼人们还一直存在着争议。其实以前德萨斯罗汉有自己单独的一个系，品种也很多。但由于这种鱼的起头率及褪纱率极低，加上都是以鱼苗居多，亚成鱼很少见，所以饲养的人并不多，最后

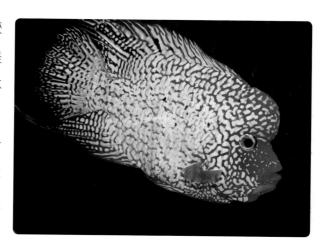

有很多品种就逐渐消失了。现在的德萨斯罗汉主要是来自泰国的红德萨斯罗汉，小苗的时候身上是带有很多珠点花纹的青绿色，并且有墨斑。好的个体长大后会渐渐起纱褪纱变成红色德萨斯罗汉。德萨斯罗汉的主要欣赏点是它身上的珠点和艳丽花纹。能够起大头并且花纹漂亮的德萨斯罗汉很少，所以抱着和饲养其他品种罗汉鱼一样想养出大水头想法的鱼友们，几乎是可以放弃饲养此品种了。

如何养一条健康的罗汉鱼

罗汉鱼的挑选分为两个方面，一是健康，二是品相。品相方面涉及各类别，十分复杂，所以笔者在附录一罗汉鱼鉴赏部分列举出了品相较好的罗汉鱼作为参考，下面先讨论如何挑选健康的罗汉鱼。

健康罗汉鱼标准表

观察项目	健康鱼特征
体型	身体各部位无畸形，游动时鱼鳍舒展打开
状态	活泼、平衡感强，与人有互动，具有追手玩耍的灵性
体表	无凸起、有光泽、颜色艳丽，鳞片完整
头	无头洞及细小凸起
嘴	无红肿、出血及化脓
鳍	无充血、破损、脓疱、白点，功能正常
鳃	双侧鳃盖打开，鳃丝鲜红，呼吸平稳不急促
眼睛	眼球无突出，角膜清澈无白丝、无充血
生殖孔	无充血、发红及外凸

二、选择适合的水族箱 ▶

（一）水族箱的尺寸

罗汉鱼属于中、大型观赏鱼，通常情况下体长可达到30~45厘米，所以要尽量选择大一点的水族箱。饲养成年罗汉鱼的水族箱以尺寸不小于100厘米×40厘米×60厘米（长×宽×高）为宜，这样罗汉鱼就有一个相对舒适的生长空间，也有利于它保持状态。

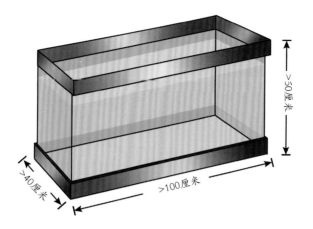

>50厘米

>40厘米

>100厘米

（二）水族箱的形状

养殖罗汉鱼的水族箱最好是长方形，这样既有利于过滤系统发挥效率也有利于发挥罗汉鱼的观赏作用。

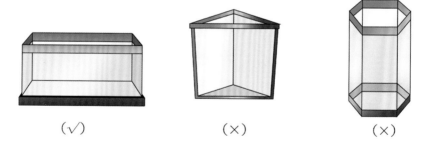

（√）　　　　　　　（×）　　　　　　　（×）

（三）水族箱的材质

可满足强度要求的、一定厚度的浮法玻璃或超白玻璃为首选。不建议选择容易刮花的亚克力材料制作水族箱。

（四）水族箱的摆放位置

阳光直射可加速鱼缸内藻类生长，所以建议避免阳光直射鱼缸，或对鱼缸进行必要的遮光处理。且因罗汉鱼属于敏感鱼种，当有陌生人突然靠近或敲打鱼缸时它们极易出现用头撞缸的行为（甚至直接撞晕、撞死）或受到惊吓出现颜色变暗、鱼鳍收缩等现象，所以应避免将水族箱放在过道等人员经常走动的地方。

正确摆放位置图

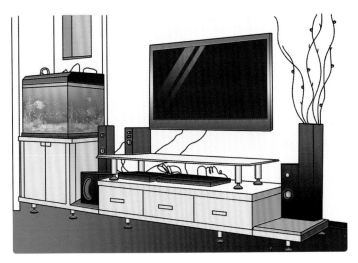

错误摆放位置图

（五）水族箱内造景

由于罗汉鱼中的特殊个体会撕咬水草且游动中容易被造景刮伤，再加之罗汉鱼属于食量和排泄量都比较大的鱼，所以饲养罗汉鱼的水族箱不建议放颗粒细小的底砂，以利于排泄物迅速由物理过滤抽出维持水质稳定。笔者的建议是初养罗汉鱼的鱼友，水族箱可只贴背景纸以便于管理，采用裸缸养殖。背景纸可根据罗汉鱼的品种不同及个人喜好进行选择。拥有一定饲养经验以后，可铺设火山石等对水质以及罗汉鱼状态都有帮助的底砂。

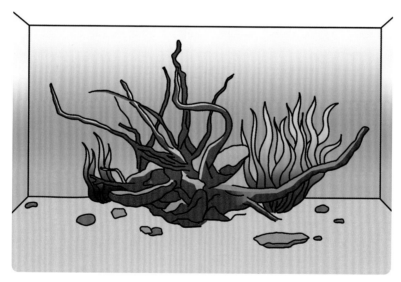

错误造景图

三、建立过滤系统

水族箱中的空间比较局限（水体不能与外界流动）且罗汉鱼属于多吃多排的大中型鱼（每时每刻都在水体中排泄粪便和尿），所以保持水质使鱼健康成长就需要强大的过滤系统。

造成水族箱水质恶化的因素有两个：一是鱼类的排泄物和未进食食物在水体中不断地分解成细碎颗粒以及水中藻类弥散在水体中形成肉眼可见的悬浮物，影响水质；二是排泄物和未进食食物在水体中持续不断地释放出氨和亚硝酸盐（类似食物腐败过程）对水体造成污染，进而使鱼患病或使水质发臭。所以一个优良的过滤系统应该兼具物理过滤、生化过滤两种过滤功能。

（一）物理过滤

物理过滤是滤除水中肉眼可见异物（鱼便、残饵等各种有机物颗粒，以及纤维、尘埃、滤材脱落的粉末等各种颗粒）的过程。物理过滤的效果越好，过滤后残留的杂质越少，可形成氨及亚硝酸盐的原料就越少，生化过滤的压力就越小。

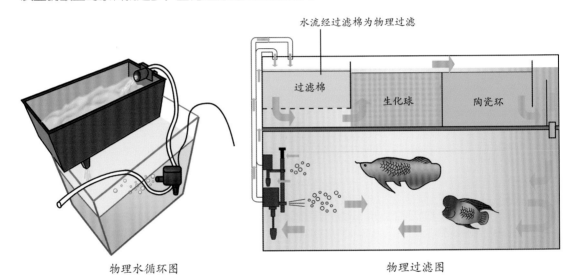

物理水循环图　　　　　　　　　　　物理过滤图

物理过滤的工具为水泵、过滤棉及辅助的造流水泵。

潜水泵

多功能水泵

过滤棉

活性炭

注：活性炭的外观就像黑色的石粒，有的用碳粉压制而成，有的直接用各种果壳等烧制而成。由于活性炭内部有很多小孔，所以有强烈的吸附功能，可以脱色和除臭。但使用一段时间后效能会逐渐降低，如不及时更换反而影响水质。

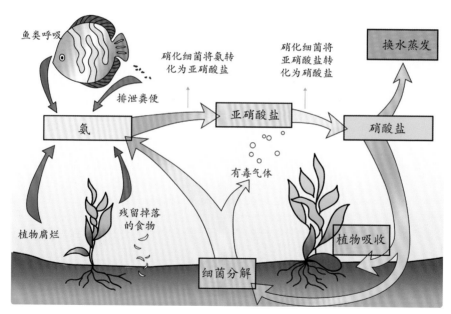

硝化细菌工作原理图

（二）生化过滤

生化过滤是通过水循环利用微生物的生化反应来消除水中肉眼看不见的有害物质的过程，

生化过滤依靠硝化系统所培养的硝化菌对有毒物质（主要是氨和亚硝酸盐）进行氧化分解并最终将其转化为毒性很小的硝酸盐的过程（硝酸盐可以通过换水稀释）。

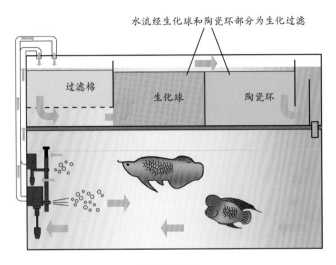

生化过滤图

　　起到生化过滤作用的滤材利用其良好的滤水性及超大的表面积，在硝化细菌着床后水流经时将氨和亚硝酸盐进行转化。所以滤水性越好和表面积越大的滤材，生化过滤效果越好。

陶瓷环

在30分钟以内加水致新水与袋子里的水达到1：1。

4. 入箱

倾斜袋口，让罗汉鱼缓缓游入水族箱中，并把袋中剩余的水倒掉。

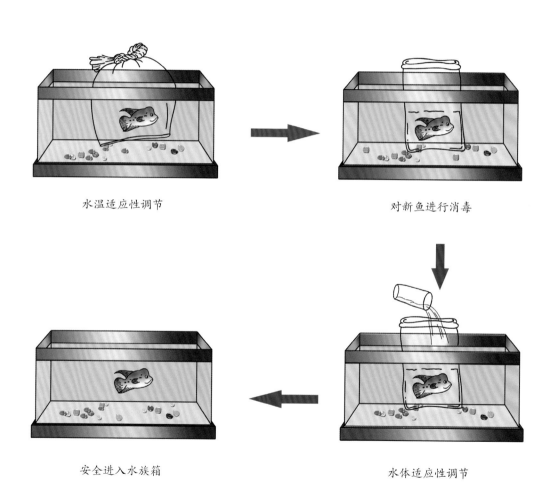

水温适应性调节　　　　　　　　　　　对新鱼进行消毒

安全进入水族箱　　　　　　　　　　　水体适应性调节

（三）入箱初期管理

1. 适当遮蔽

罗汉鱼入箱后如果立即打开照明灯具，容易使其产生恐惧而出现体表发黑、额珠缩小等受惊表现，所以应在入箱2~3天，新鱼已经逐渐适应环境后再打开照明设备。如果新鱼已经出现体表发黑、额珠缩小等受惊表现，则应适当用黑布对水族箱进行遮蔽，以使其尽快适应环境。

2. 不喂食

通常情况下，对于新鱼入箱2~3天内不喂食，以激发其身体免疫力，使其尽快适应环境以及预防由于对新环境不适应而产生的疾病（如肠炎）。2~3天后，逐渐从少量喂食增加到正常食量，此过程俗称开口。

八、喂养罗汉鱼

（一）罗汉鱼饲料的营养要求

1. 蛋白质

蛋白质是构成罗汉鱼身体的主要成分，也是重要的能量物质。饵料中蛋白质不足会引起鱼体瘦弱、免疫力下降、发育异常等问题。幼鱼饵料的蛋白质含量建议达到40%以上，到成鱼时只需20%～25%即可。处于繁殖时期的罗汉鱼同样需要高蛋白饮食以补充体力。

2. 脂肪

脂肪是罗汉鱼重要的能量来源，且可帮助脂溶性维生素的吸收，建议罗汉鱼饵料中脂肪的含量维持在8%左右。

3. 糖类

糖类也是罗汉鱼的能量物质之一。

4. 维生素

维生素对罗汉鱼的生长发育同样重要，因此饲料中需要含有一定量的维生素。

5. 矿物质和微量元素

矿物质和微量元素如钙、镁、铜、磷、铁、锌等都是罗汉鱼生长所需的重要营养元素，同时对罗汉鱼的生长发育及维持身体颜色都是必不可少的。

6. 抗生素和激素

有些饲料中会掺有一定的抗生素和激素。加入抗生素的作用是预防肠炎及其他感染，加入雄性激素的目的是为了促进罗汉鱼发色及额珠增长。但笔者不建议对罗汉鱼用激素，过量食用激素会造成罗汉鱼的生殖系统畸形且寿命缩短。

（二）适合罗汉鱼的几种饲料

1. 人工饲料

现在市场上销售的人工饵料种类繁多，但很多包装精美的国产饲料其实是小作坊生产的三无产品，质量无法保证。因此建议购买正规厂家生产的知名品牌产品。好的人工饵料营养丰富、不浑水且适口性强。

2. 天然饵料

天然饵料分为活饵和死饵。通常情况下，罗汉鱼对天然饵料特别是活饵兴趣强烈。但是活饵易将细菌和寄生虫带入，且罗汉鱼在捕捉活饵的时候还有撞伤、撞晕的可能。因此，笔者不建议鱼友们喂罗汉鱼活饵。

（1）红虫（又叫血虫），蛋白含量高，是罗汉鱼比较喜爱的活饵，也是刚进入新环境的罗汉鱼很好的开口饲料。但在喂食前要将其反复清洗干净，并用高锰酸钾浸泡或紫外线照射杀菌。也可将其冷冻，达到杀菌和储存的目的。现在市面上也有很多商家生产冷冻的血虫，一片24小块，喂食起来很方便。在挑选这种冷冻血虫时，一定要挑选鲜红色且饱满的，切忌购买发白又不新鲜的血虫喂食。

（2）淡水虾，这种饵料营养全面，罗汉鱼非常喜爱。且淡水虾中含有虾红素，对罗汉鱼增色有一定作用。因活虾含菌量较高，建议将其冷冻或杀菌后晒干，以备日常喂食。但长期喂食活虾具有患上肠胃疾病的风险。

（3）汉堡，也叫牛心汉堡。因牛心富含蛋白质且脂肪含量低，所以将其绞碎并掺入胡萝卜等就可成为罗汉鱼的优质饵料。平时以速冻保存为宜，投喂前解冻即可。

ps：喂食罗汉鱼的特别注意事项

1.由于罗汉鱼的肠道比较脆弱，所以可以对其喂食的东西其实不多，也就是饲料、红虫及虾等。像用来喂龙鱼的面包虫、大麦虫、泥鳅、蟋蟀、小鱼、小青蛙之类的活食，是绝对不适合喂罗汉鱼的。罗汉鱼如果吃了这些东西将非常容易得肠炎。

2.喂食天然饲料时要特别注意观察水质，以防水质恶化导致罗汉鱼感染疾病或死亡。

九、换水及清洗滤材

定期换水一方面有助于维持水体pH值，降低氨氮含量及增加水体中的溶氧量，另一方面，新水也会对罗汉鱼产生刺激而促进其额珠生长。

（一）新水处理

由于自来水在消毒过程中使用漂白粉使水中含有次氯酸，会对观赏鱼造成伤害，所以再换水需经过2~3天晾晒或直接对水体进行24小时充氧，以使次氯酸分解。

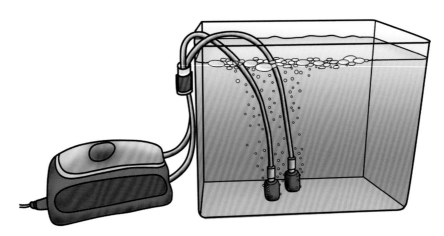

对新水进行充氧图

（二）保持水温

由于罗汉鱼生活的水体为30℃左右，因此在新水入箱前应对其进行适当升温或直接兑入少量热水，使其温度与水族箱内水体温度不至于相差太多而致罗汉鱼发生感冒。特别是冬天，一定要注意温差最高不要高于3℃。

（三）少量换水

根据笔者个人经验通常情况下以每周换水一次为宜，每次换水的量在水族箱全部水体的三分之一以下。也有鱼友反映在每月换水一次的情况下，罗汉鱼依旧健康。因此，饲养者可根据自身经验及所养罗汉鱼品种自行判断换水时间，此处只作为参考。

十、繁殖

繁殖罗汉鱼并不难，只不过要从当中选出上好的鱼种却非易事，原因是罗汉鱼原本就是经多种鱼配种后所得到的新品种，所以在小鱼孵出后，有些小鱼仍有其祖先的特征如体型、色泽等等，有些却发生明显变异，品种不稳定。所以笔者并不建议鱼友自行繁殖罗汉鱼，下面的繁殖方法只供大家参考。

（一）准备工作及亲鱼选择

所需材料：尺寸为50厘米×50厘米×60厘米孵化水族箱一个，内放一块大理石板或者平底盘子。甲基蓝溶液或特灭菌一瓶，滴管一个。

1. 雄鱼选择：珍珠品系罗汉的雄鱼需要在8个月龄以上，而金花品系罗汉的雄鱼需要2~3岁。无论是哪个品系的雄鱼都要选择足龄鱼中外形最好、体型最大的健康鱼作为亲鱼。

2. 雌鱼的选择：珍珠品系罗汉的雌鱼需要在5个月龄以上，而金花品系罗汉的雌鱼需要8个月龄。同样选择品相最好、体型最大的健康鱼作为亲鱼。

为了使鱼卵附着在大理石板或平底盘子上面，可滴入甲基蓝溶液或加入市场上销售的成品药剂，如特灭菌，既方便又可靠。一般发白不透明的鱼卵为未受精卵，需要及时用滴管吸出。

（二）相互熟悉、配对

先将雄性罗汉鱼单独饲养在孵化箱中1~2天，使其适应环境，并逐渐确立自己的领地意识。当发现雌性罗汉鱼有产卵的先兆时（比如生殖器外露），应马上将雌鱼放入孵化箱，观察亲鱼之间是否发生打斗现象，如没有打斗现象表明这次配对成功。如雌雄罗汉鱼仍旧相互追咬，则配对失败，需另更换亲鱼重新配对。

（三）产卵及孵化

如配对成功，雌雄亲鱼会不断地用嘴去清理石板上的污物。此时雄鱼和雌鱼的生殖器全部都露出体外，雌鱼会先在瓦盘上产卵，雄鱼则随后在鱼卵上射精。在交配过程完毕后，雌鱼与雄鱼可以一起共同负起孵卵和看顾小鱼的任务，这些也可以单独由雄鱼完成。通常情况下，为防止雌鱼吃掉鱼卵，建议由雄鱼单独完成孵化工作。此时可向水中加少许甲基蓝溶液，防止鱼卵受到感染。

经过4~5天，受精鱼卵和未受精卵即可被分辨出来（发白不透明的鱼卵为未受精卵），此时雄鱼会吃掉未受精鱼卵以免污染水质（或用滴管将未受精卵吸出）。约7天后，即有幼细的小鱼孵出。这时雄鱼会用口将小鱼移至安全的角落加以看护，直到小鱼再长大些才让它自由游动。此时，雄鱼的孵化工作即完成。

罗汉鱼幼鱼

ps：与罗汉鱼额珠大小有关的因素

1. 基因决定

鱼友们公认的是如果亲鱼都是额珠突出者，那么其子代出现大额珠的概率就较大。因此，尽量购买亲鱼为大额珠罗汉鱼的后代。

2. 喂养方法及水质

饲喂罗汉鱼的饵料要含有高蛋白质，比如红虫、小虾等，都有会使罗汉鱼额珠增大的可能。另外，保持水质稳定、定期换新水等等也会对罗汉鱼产生刺激使其额珠增大。而惊吓、突然的水质变化通常会导致罗汉鱼额珠缩小，体色暗淡。

3. 适当刺激

由于罗汉鱼天生性情凶猛，所以增加它的"斗心"也有利于额珠增大。比如，从罗汉鱼小时候起就采取"多格玻璃"方式饲养，这样既能免除罗汉鱼之间打斗损伤，又可以经常保持"对鱼"，增加罗汉鱼的"斗心"，可使额珠快速增大。但是，由于生存空间小不利于罗汉鱼的生长，容易出现眼大身子却长不长的"老头鱼"。也可以在水族箱中加入一条鹦鹉鱼，作为罗汉鱼的"沙包"，激发罗汉鱼的"斗心"。但要注意的是应及时对被咬伤的鹦鹉鱼进行保护和适当的隔离，以及预防鹦鹉鱼受伤导致生病进而感染罗汉鱼。

罗汉鱼鱼病防治

一、疾病的发生原因

（一）内在原因

罗汉鱼因品种、年龄、性别、肌体状态等不同，免疫力也有所不同。这就是罗汉鱼疾病产生的内因，也是最主要因素。往往个体小、年龄小的罗汉鱼抵抗疾病能力稍差，反之则强。

（二）外在原因

1. 生物因素

寄生虫、细菌、霉菌、病毒等病原体都属于生物因素。它们时刻存在于养殖水体中，当鱼抵抗力下降，与内因相互作用使鱼患病。

2. 理化因素

理化因素是指养殖水体的水温、溶解氧、酸碱度、硬度等指标不符合罗汉鱼生长的需求时，就会导致其抵抗力下降从而患病。

3. 人为因素

饵料不新鲜、饵料中寄生虫或细菌含量高、投喂过量、投喂时间不固定等。

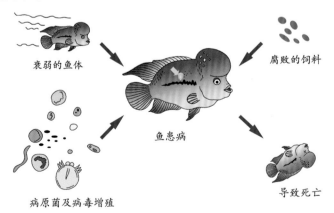

衰弱的鱼体　　腐败的饲料

鱼患病

病原菌及病毒增殖　　导致死亡

疾病发生原因图

　　罗汉鱼虽然属于体壮的观赏鱼，但如果患病初期不注意观察，一旦病情加重则不利于救治。因此，日常的疾病预防就显得十分重要。

（一）养殖环境消毒

　　养殖环境主要指养殖罗汉鱼的容器和水体。家庭养殖罗汉鱼所用的容器一般都是水族箱，所以对水族箱以及相关器件的消毒对于预防罗汉鱼疾病是非常重要的。药物消毒可以有效地杀灭病原体，起到良好预防效果，在养殖过程中药物消毒是非常重要的。

　　水族箱要定期进行消毒。消毒时，应暂停水族箱的过滤循环，用0.1%的高锰酸钾溶液对水族箱进行泼洒，以水体变深红为宜。此时需时刻注意观察罗汉鱼的状态，如果出现呼吸急促则应立即进行换水。维持5分钟左右后，开启水泵，同时换水30%左右。也可以购买市场上销售的杀菌制剂，按照"使用说明"使用。

（二）仔细观察鱼情，及时隔离病鱼

　　隔离病鱼可以有效地控制传染源，防止疾病扩散。每天应该查看鱼情（摄食情况、游动情况、体表情况等），如有异常则及早采取措施。

　　混养的水族箱中发现病鱼后，要立即将病鱼捞出，进行隔离治疗。同时，水族箱要进行全水环境消毒。

1. 观察水体

　　如发现水质浑浊，出现大量异物，水体颜色突然改变等，往往是水质恶化的表现，需及时换水。

2. 观察鱼体

观察鱼体体表黏液分泌是否正常、鳞片有无光泽、鳞片基部有无出血等等，这些都是疾病将要发生的先兆。观察鱼体是否消瘦，鱼体脊柱是否弯曲，这些都有可能是营养不良或体内有寄生虫的表现。观察腹部是否肿大下垂，如有则可能患有肠炎、腹水。观察眼球是否外凸，表面覆盖的白色薄膜、角膜是否清晰。观察鳃盖开合是否正常、是否变形，腮部有无寄生虫附着等等。

3. 观察罗汉鱼泳姿

健康的罗汉鱼泳动自如，健壮有力。如果罗汉鱼总是躲在水族箱的一角，或用躯体摩擦箱底或箱边，说明体表可能附有寄生虫；如果罗汉鱼倒立游泳，则为鱼鳔疾患；如果罗汉鱼沉在水族箱底部不动或者异常活跃，也可能是寄生虫或细菌感染。

4. 观察食欲

健康罗汉鱼的食欲强烈，如突然食欲大减或丧失则有可能是患有疾病或水质异常。

5. 检查粪便

正常的罗汉鱼粪便应是成型的，且沉落在水族箱底部。如果出现白色或漂浮在水体中细丝样粪便，则说明罗汉鱼消化不良，可能存在肠道疾病。

呼吸正常

呼吸急促

粪便散落缸底

有浮水鱼粪或拖粪

争食

厌食

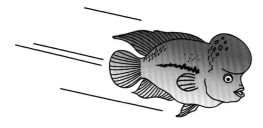

游姿正常

身体弯曲游泳

无寄生虫

有寄生虫

体型正常

体型不成比例

眼睛正常

眼睛外凸

体表无损伤

体表有损伤

三、慎用药物

　　药物对防治病害有良好效果，但使用不当往往会污染环境，破坏养殖水体的生态平衡，引起病原菌的抗药性。据笔者经验，很多罗汉鱼其实完全可以通过换水（保持水质）达到增强自身免疫力恢复健康，但由于鱼友的错误用药而致病情恶化，直至死亡。因此在治疗鱼病的过程中，保持优良的水质是治疗关键。少用、慎用药物进行辅助，切不可鲁莽用药。

四、疾病治疗常识

（一）常用药物浓度及用药的计算方法

1. 药物浓度的表示方法及含义

药物浓度通常是指药物溶于水后，单位水体所含药物的量，其表示单位最常用的是"毫克／升"，符号是"mg／L"，其含义是水体中含药量为"百万分之几"。其他常用的单位还有"百分比（％）"和"千分比（‰）"，即药物在溶液中的比例额，一般是重量比。

2. 常用计算公式

用药量的计算公式为：用药量（克）=养殖水体体积×应使用的药物浓度

养殖水体体积的计算公式为：水族箱水体体积（立方米）=水族箱长（米）×水族箱宽（米）×水深（米）

单位换算：1立方米=1000升，1克=1000毫克

（二）常用给药方法

1. 药浴法

药浴法是治疗鱼病最常用的方法，即将病鱼放入一定浓度的药水中浸泡，以达到治疗的目的。此法适用于多种疾病的治疗，如寄生虫病、体表感染等。通常有两种方式。一种是在水族箱中加入一定浓度的药物，使病鱼浸泡在其中，然后及时换水。此种方法的缺点是易对整个水体产生影响，破坏硝化系统。另一种是将病鱼捞出，放入盛有药水的容器中进行短时

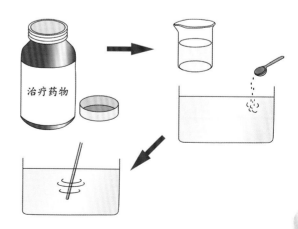

49

间浸泡，完成后捞回。此种方法的缺点在于捞鱼的过程中易对鱼体造成新的损伤。

2. 内服药饵法

内服药饵的治疗方法是将药物拌入饵料中投喂，主要用于治疗肠胃疾病及寄生虫病。但当罗汉鱼拒食时，则不适用。

3. 局部处理法

局部处理法用于对鱼体表的寄生虫病和外伤的治疗，有体表寄生虫摘除、对局部外伤感染涂药等。

4. 注射法

此法适用于治疗浸泡和口服药物无法奏效的严重疾病，通常采用腹腔、胸腔和肌肉注射。由于此法对鱼体会造成损伤且对操作者技术要求较高，不到万不得已不建议采用。

五、常见疾病及其治疗

（一）寄生虫疾病

1. 小瓜虫病

（1）症状。小瓜虫病又称白点病，鱼的体表、鳍、眼部及腮部等布满0.5～1.0毫米的小白点。患上白点病的鱼会因瘙痒而在底砂或缸底不断摩擦，有时在体表可见白色小囊肿。若腮部有大量寄生，则会增加黏液分泌，导致呼吸困难，甚至窒息死亡。

（2）病原及感染原因。由一种叫小瓜虫的纤毛虫寄生在鱼体表引起的。突然的水温变化，鱼儿本身抵抗力下降，就很容易感染此病。

（3）防治方法。

白点病其实并不难治，只要把水温升高至32℃以上，保持一周，然后向水族箱里适量地撒一些不加碘的粗盐就好了。严重的话，可以撒一些专门去除白点病的药。有一种日本产的上野黄粉就是治疗罗汉鱼白点病的特效药物。

2. 轮虫病

（1）症状。鱼体瘦弱、体色较深，在水族箱角落或硬物上摩擦身体。当病原体大量侵袭罗汉鱼鳃部时，鳃组织被破坏，病鱼游到水体表面浮头呼吸。

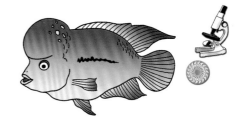

（2）病原及感染原因。轮虫病的病原体是车轮虫，通常由于饲养管理不当，鱼体抵抗力减弱，罗汉鱼才感染此病。

（3）防治方法。

a. 用2～4毫克/升的孔雀石绿溶液浸泡病鱼20分钟左右，将浸泡后的病鱼移入干净的水体中。每天连续用此方法治疗，直到病情好转。

b. 用2毫克/升的福尔马林溶液和2毫克/升的孔雀石绿溶液混合，浸泡病鱼20分钟左右。将浸泡后的病鱼移入干净的水体中。每隔3天进行一次治疗。

3. 锚头鳋病

（1）症状。病鱼食欲不振，身体发痒，并且在水族箱里乱窜，继而逐渐消瘦。如锚头鳋寄生在病鱼身上，寄生部位充血而见红斑；如寄生在病鱼口腔中，则口腔不能闭合，最终因无法摄食而死。

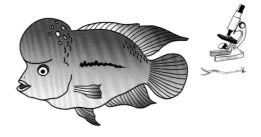

（2）病原及感染原因。锚头鳋为半透明的针状虫体，一头刺入罗汉鱼肌肉组织开始寄生生活，尤其喜欢寄生在腹腔和各鳍根部。当鱼抵抗力下降或饲养者因操作不当而致鱼体表损伤时，易被锚头鳋侵袭。

（3）防治方法。

a. 可用剪刀将虫体剪断，用紫药水涂抹伤口后用2毫克／升的呋喃西林溶液（黄粉）浸泡病鱼，以控制伤口不被细菌感染。

b. 如果锚头鳋大量寄生，可将病鱼捞出，用1%的高锰酸钾溶液涂抹虫体和伤口，然后用凡士林固定药液，再将其放回水族箱中。原水族箱要加入2毫克／升的呋喃西林浸泡。每日按此法涂药，直到锚头鳋被药物软化死亡，然后再用镊子取出死亡虫体。

4. 鱼鲺病

（1）症状。被鱼鲺寄生的罗汉鱼会在水族箱中快速游动，显得焦躁不安，企图摆脱虫体，同时身体分泌大量黏液甚至出现失去平衡或有跃出水面现象。被寄生的部位会发生感染或继发水霉病，最终鱼体因极度瘦弱而死亡。同时也会出现寄生虫咬坏鱼尾或上、下鳍主骨的现象。如果鱼鲺大量寄生在鳃上，则导致病鱼呼吸急促，直至窒息死亡。

（2）病原及感染原因。由鱼鲺引起，当鱼体抵抗力下降、水质变化或操作不当造成体表损伤时，易感染此病。

（3）防治方法。

a. 将病鱼放入医疗水族箱，用0.5毫克／升的敌百虫溶液浸泡病鱼30分钟左右，每天1次，直至病情好转。原水族箱可用0.2%的粗盐溶液消毒，每天1次。

b. 将病鱼捞出，用1%的敌百虫溶液涂抹鱼鲺，约30秒钟后，将鱼放入原水族箱中。水族箱中可加入呋喃西林，浓度保持在2毫克／升。每日涂抹1次，直至鱼鲺死亡，自然脱落。

（二）霉菌性疾病

水霉病

（1）症状。体表或鳍条上有灰白絮状菌丝，严重时罗汉鱼体表溃烂、鱼鳍破损或掉鳞，游动迟缓，食欲不振。

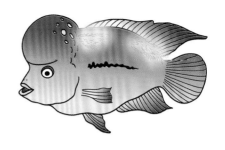

（2）病原及感染原因。由水霉菌和运输、争斗、碰撞等引起。寄生虫寄生鱼体后，更易受到水霉菌的侵袭而继发水霉病。

（3）防治方法。

a. 将罗汉鱼放入医疗水族箱中，用1毫克／升的高锰酸钾溶液浸泡鱼体20分钟，每天1次，直到病情好转。

b. 将病鱼捞出，用0.1%～0.3%浓度的孔雀石绿水溶液或甲紫溶液涂抹伤口及水霉病发生处。

（三）细菌性疾病

1. 肠炎

（1）症状。肠炎又称腹水，病鱼会排泄黏液状粪便，偶尔粪便也会拖拽在肛门上呈现白色细条状。患有肠炎的罗汉鱼腹部肿胀，食欲下降或完全丧失，肛门周围充血红肿。

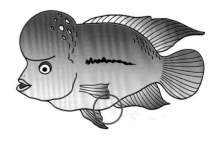

（2）病原及感染原因。病原为细菌或寄生虫。通常是喂食了带有细菌或变质的饵料或过量喂食引发此病。

（3）防治方法。

a. 停食并将水温提高1~2℃，改善水体环境并内服维生素E（每10千克鱼体重每天用量为0.3~0.6克，拌入饵料中长期服用）以增强鱼体抵抗力。

b. 将病鱼放入医疗水族箱，用4毫克/升的呋喃唑酮（痢特灵）溶液浸泡病鱼20分钟，每天1次，直到病情好转。

c. 可用大蒜防治（10~30克/千克鱼体重）。使用时将大蒜捣碎，然后和饵料混合，并加入适量粗盐，晾干后即可投喂，每天投喂1次，连续投喂6天。

d. 严重时注射青霉素钠或青霉素钾，一次量为10万~20万单位/千克鱼体重，每隔1天注射1次，直到病情好转。

2. 肿嘴病

（1）症状。发病初期，罗汉鱼嘴唇上（也可在口腔内）会出现小米一样的颗粒。随着病情

迅速加重，鱼的嘴唇肿胀、突出、溃烂，导致不能张闭。3日内即可死亡。

（2）病原及感染原因。由纤维黏细菌引起，具有传染性，常因水质不洁、饵料变质、外伤、水质变化明显等引起。

（3）防治方法。

a. 首先要把病鱼隔离，放入医疗水族箱进行治疗。加入青霉素钠或青霉素钾，浸泡病鱼（青霉素用量为400万~800万单位/立方米），每天30分钟。连续用药3日后停用，受损的嘴部需要经过7~10天才能恢复。如果施药不及时，嘴已经完全凸出，则很难治愈，即使治愈，也会遗留嘴部畸形。

b. 用1%浓度的孔雀石绿溶液或高锰酸钾溶液涂抹患病部位，用凡士林固定药液，然后将病鱼放入医疗水族箱。医疗水族箱用5毫克/升的呋喃西林或呋喃唑酮溶液浸泡。每天浸泡1次，

每次30分钟左右，直至病情好转。

3. 烂身病

（1）症状。鱼头或鱼身上出现几粒芝麻大的小脓疮或红斑，逐渐溃烂且扩展迅速。

（2）病原及感染原因。由细菌感染引起。一般因水质恶化、水温变化大、养殖密度过高、营养不良、溶氧量不足等引发本病。

（3）防治方法。

a. 注意合理的饲养密度，使水体溶解氧维持在5毫克/升。

b. 将病鱼放入医疗水族箱，用3毫克/升的呋喃西林和1毫克/升的高锰酸钾混合溶液浸泡，每天20分钟，连续数天，直至痊愈。但易留疤或小孔。

c. 用青霉素钠或青霉素钾浸泡病鱼，用量为400万~800万单位/立方米，每天30分钟，直到病情好转。

4. 烂鳍烂尾病

（1）症状。烂鳍烂尾病的症状共有两种：一种是由鳍边缘开始腐烂，再向内延伸，看上去各鳍缺损、参差不齐；另一种由鳍中央部分开始腐烂，向四面八方延伸。烂尾病为罗汉鱼多发病，发生时尾鳍会呈扫帚状，如病情恶化，可导致全身皮肤充血甚至死亡。

（2）病原及感染原因。由柱状黏球菌和霉菌共同感染的结果。感染原因有两个：一是因为养殖密度过大，过滤系统不能负担而致水质恶化；二是新鱼入箱或换水时，水质差异或紧张造成鱼体不适，使表面黏液分泌异常，鱼鳍边缘受到感染。

（3）防治方法。

a. 注意合理的饲养密度，使水体溶解氧维持在5毫克/升。适当增加水族箱过滤系统。

b. 用1%浓度的孔雀石绿溶液或高锰酸钾溶液涂抹罗汉鱼患病部位，然后用凡士林固定药液，完成后将其放回原水族箱中，原水族箱要加呋喃西林，使水体中呋喃西林的浓度达到2毫克/升。以后再按此法涂药、浸泡，直到病情好转。

c. 如果鳍已烂掉一部分，残缺不全，可用剪刀剪去，然后用上述方法处理，经过10～15天后，鳍会愈合并可再生，经过40～80天，整个尾鳍可重新长好。但再生鳍和旧鳍之间有一痕迹，使观赏价值降低。

d. 将病鱼放入医疗水族箱，用5毫克/升的呋喃西林或呋喃唑酮溶液，水温和原养殖水体保持一致，浸泡病鱼30分钟左右，每天1次，直至病情好转。另外，原水族箱可用0.2%的粗盐溶液消毒。

5. 细菌性烂鳃病

（1）症状。病鱼鳃部充满黏液，鳃丝和鳃盖表皮均有充血现象，鳃丝由红变白，逐渐腐烂并带有污物，最后发展至全鳃。病鱼呼吸急促，鳃盖开合不正常，浮头，不久会因为失去呼吸功能而死亡。

（2）病原及感染原因。由纤维黏细菌引起，属于细菌性疾病。大多因为水质不稳定、饵料不清洁而患病，特别是后者更容易致病。

（3）防治方法。

a. 注意合理的饲养密度，使水体溶解氧维持在5毫克/升。加强饲养管理，多喂富含蛋白质的饵料，如红虫等活饵，以增强鱼体抵抗力。

b. 将病鱼放入医疗水族箱，用5毫克/升的呋喃西林或呋喃唑酮溶液浸泡病鱼30分钟左右，每天1次，直至病情好转。原水族箱可用0.2%的粗盐溶液消毒。

c. 用青霉素钠或青霉素钾浸泡病鱼，青霉素浓度为400万~800万单位/立方米，每天30分钟，直到病情好转。

6. 竖鳞病

（1）症状。罗汉鱼食欲不振，无力游泳，整个鱼体膨胀、浮肿、全身鳞片张开，像松塔一样。有时伴有各鳍基部和皮肤充血，眼球外凸。严重时体表出血，眼球外凸，鳞片脱落，病鱼沉在水底，腹部向上，最后衰竭而死。据笔者经验，此病属于难治鱼病，很难治愈。

（2）病原及感染原因。由小型点状假单胞菌引起，属于细菌引起的疾病。当罗汉鱼体表受伤、患有其他疾病、新水刺激、水质不良引起鱼抵抗力下降或体表黏膜受损时，病菌侵入而致病。

（3）防治方法。

a. 注意合理的饲养密度，使水体溶氧量维持在5毫克/升。加强饲养管理，内服维生素E，每天用量为0.03~0.06克/千克鱼体重，拌入饵料中长期服用，以增强鱼体抵抗力，预防竖鳞病发生。

b. 将病鱼放入医疗水族箱，用5毫克/升的呋喃西林或呋喃唑酮溶液浸泡病鱼30分钟左右，每天1次，直至病情好转。原水族箱可用0.2%的粗盐溶液消毒。

c. 用青霉素钠或青霉素钾浸泡病鱼，青霉素浓度为400万~800万单位/立方米，每天30分钟，直到病情好转。严重时注射青霉素钠或青霉素钾，一次用量为10万~20万单位/千克鱼体重，每隔1天注射1次，直到病情好转。

7. 凸眼病

（1）症状。患此病的鱼眼睛外面覆盖一层薄膜，神色暗淡，没有食欲，常常躲在水族箱角落里。严重时眼睛向外凸出，失去进食能力，最后耗尽身体能量而死。

（2）病原及感染原因。由细菌和霉菌共同作用引起，常因水质不洁、饵料变质、外伤、水质变化明显等引发本病。

（3）防治方法。

a. 将病鱼放入医疗水族箱，用0.2%的粗盐溶液或亚甲基蓝溶液，浸泡病鱼30分钟左右，每天1次，直至病情好转。

b. 用8毫克／升的硫酸铜溶液浸泡病鱼，每天30分钟，直到病情好转。

8. 穿孔病

（1）症状。穿孔病早期病鱼食欲减退，体表部分鳞片脱落，表皮微红；继而出现血性溃疡症状，从头部、鳃盖、背部、腹部、鳍部直到尾柄均出现溃疡症状。如继续恶化，鱼体体表会出现开孔，里面的肉会充血、腐烂，就好像被汤匙挖开一般，一个孔遍及数片鱼鳞。发生的部位大多在体侧、背部和尾柄，有时鳃盖也会出现。严重时甚至可以看到鱼骨。此时就算治愈，也不再具有观赏价值。

（2）病原及感染原因。由柱状纤维黏细菌引起，属于细菌性疾病，传染性极强，应将病鱼及时隔离。穿孔病的发生原因是长期喂食不新鲜的饵料，或在低水温下持续不断地喂食高营养的饵料而引起。

（3）防治方法。

a. 罗汉鱼患本病后，首先要把鱼隔离，在医疗水族箱中放入青霉素钠或青霉素钾，浸泡病鱼，青霉素用量为400万～800万单位／立方米，每天30分钟，持续多天，直到病情好转。

b. 用1%浓度的孔雀石绿溶液或高锰酸钾溶液涂抹患病部位，用凡士林固定药液，然后将病鱼放入医疗水族箱。在医疗水族箱中用5毫克／升的呋喃西林或呋喃唑酮溶液，浸泡病鱼30分钟左右，每天一次，直至病情好转。原水族箱可用0.2%的粗盐溶液消毒。

c. 严重时注射青霉素钠或青霉素钾，一次用量为10万～20万单位／千克鱼体重，每隔1天注射1次，直到病情好转。

（四）其他疾病

1. 感冒病

（1）症状。各鳍萎缩，对着水流无力摆动，有趋热源的倾向。严重时漂在水面上，体色黯淡，身体瘦弱。此时很容易患白点病、水霉病等并发症。

（2）病原及感染原因。由于换水或新鱼进入水族箱时操作不当，昼夜温差过大或季节变化温差过大，对罗汉鱼造成了冷刺激，使其如同人一样患上感冒。

（3）防治方法。

a. 尽量避免对鱼的冷刺激，如果出现感冒症状可将水温提高2℃，保持此水温静养数天，并同时向水体中加入0.1%的粗盐。

b. 如果出现并发症，可在原水族箱中用2毫克／升的亚甲基蓝溶液浸泡病鱼，直到病情好转。

2. 头洞病

（1）症状。头洞病亦称为头及侧线腐蚀症。患病鱼的体色会逐渐褪色变得暗哑，体型上虽然没有变化，但病鱼的头部会出现一个一个像被蛀蚀的小孔，有时更会蔓延至两旁的侧线。较为严重的病鱼会出现肠炎时的白色连续不断的线状粪便。头洞病属于罗汉鱼的多发病。

（2）病原及感染原因。对于本病的病因鱼友存在争议，有说是营养不足；亦有说是寄生虫的问题；更有说是鱼类受水质的影响。

（3）防治方法。

a. 保持水质。及时、按时换水或增强生化过滤将水体内的硝酸盐浓度降低去除。

b. 适当补充维生素。多样化的喂食可以为罗汉鱼提供多样、丰富的维生素。

c. 少用药物、增加水体的碱性。药物残留和酸碱值偏低，会影响头洞病的康复时间，也可能引发头洞病。建议每次用药治疗至鱼康复后，加大换水量以减少水体内药物残留。有研究显示，水体偏碱性pH值在8.0~8.4之间时，罗汉鱼头洞病的发病率较低。

d. 均衡营养。鱼粮中除了必要的蛋白质等还应包括不同的矿物质及维生素。含藻类、丰富维生素C和矿物质的鱼粮，能使鱼儿得到均衡所需。

3. 休克

在罗汉鱼身上经常会发生即时休克。休克主要是因为鱼在活动时猛力碰到硬的东西，发生休克的罗汉鱼可能在水族箱底部躺上很久也游不起来。本病无法治疗，只能静待病鱼自行好转。

罗汉鱼鉴赏

（一）极品元宝德萨斯罗汉 之一

　　此品种是泰国最新的鱼种。这条小鱼包尾7厘米，金光闪闪的金线包满全身及头部，体型短方，结合了元宝罗汉短圆的体型和德萨斯罗汉的大部分优点。这条鱼有20％的基因能变成红色底，但要看饲养者的水平和运气。德萨斯罗汉起头的个体很少，元宝德萨斯罗汉的起头率更低。所以，像此鱼这种个体很难得。

细节展示

(二)极品元宝德萨斯罗汉 之二

　　此品种是泰国最新的鱼种。鱼体短方，金线包满水头及全身，包尾7厘米左右，既具有元宝罗汉的短圆体型又具有德萨斯罗汉的一些优点。如果饲养者的水平和运气都不错的话，是能够将这条鱼养成红色底的。德萨斯罗汉本身就是一种起头率很低的品种，作为元宝德萨斯罗汉，能有一个这样的水头实属不易了。

细节展示

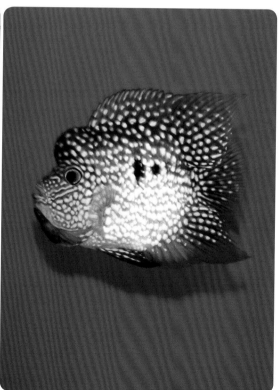

(三)极品红德萨斯罗汉 _{之一}

　　这是一条脱色很干净的极品红德萨斯罗汉样板鱼。此鱼的最大优点是头型饱满，可以和泰国画报上的样板极品德萨斯罗汉媲美。这条鱼的黑纱已经基本褪完，只剩身体上和后三鳍上还有星星点点的黑纱。鱼体颜色非常红，全身、鳃盖、头上都包满金线，后三鳍包尾，黄金眼。在泰国只有个别养鱼场可以繁殖出这种品质的德萨斯罗汉。

细节展示

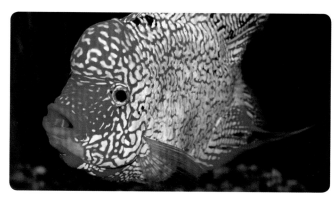

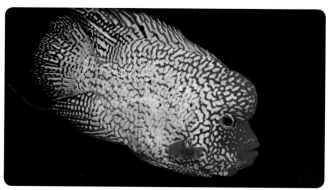

(四)极品红德萨斯罗汉

　　同样是一条脱色很干净的极品红德萨斯罗汉样板鱼。全身的黑纱已经全部褪完，能褪到这么干净，而且全身都有金线的鱼少之又少。这条鱼的头型很大，颜色非常红，全身、鳃盖、头上都包满了金线。标准的金花尾，后三鳍包尾，黄金眼。最大的优点是鼻梁上都长满了金线，这在德萨斯罗汉中非常少见。此鱼基因非常稳定，环境改变后也绝对不会返黑纱，不易繁殖。

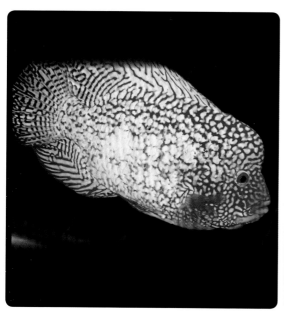

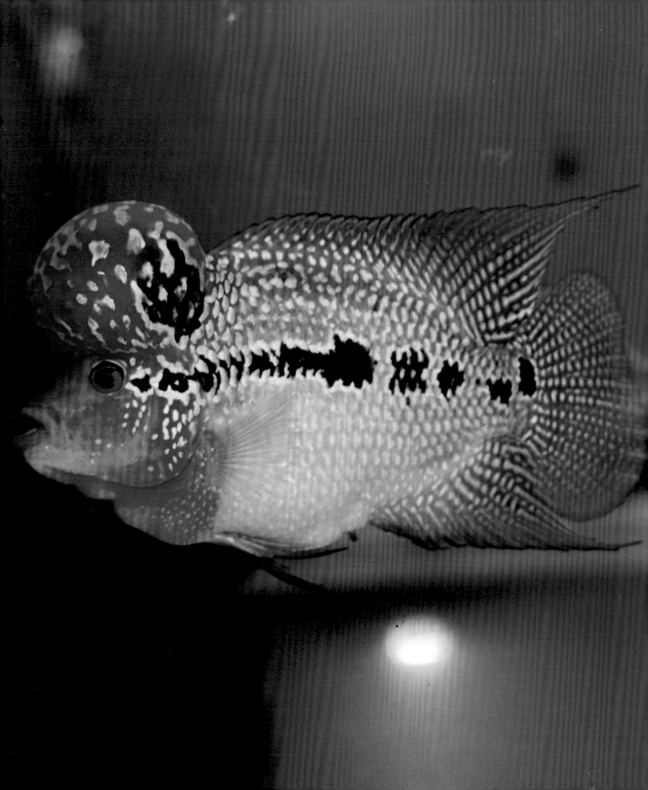

（五）极品帝王马骝罗汉

　　一条包尾只有12厘米的小爆头帝王马骝罗汉。小小的鱼水头已经很大，从正面看宽过脸部很多，并且头上包满了金线。红色底色，全身布满闪闪夺目的亮片。这是一条整体非常协调的中小鱼，长成后会是巨头的个体。

细节展示

（六）极品红马骝罗汉

　　这是一条状态稳定优良的红马骝罗汉个体。此鱼全身大红色，除了尾鳍还有隐隐约约的一点黑纱外，其他部位的黑纱已经全部褪干净。红马骝罗汉一旦经过长途运输到了新的环境，一定会发黑，墨斑会重新加重。而这条红马骝罗汉成鱼个体进入水族箱第二天颜色就很红，没有一点返黑纱的迹象。此鱼有一对标准的橙白色凹眼，灵性超好，追手很快。

细节展示

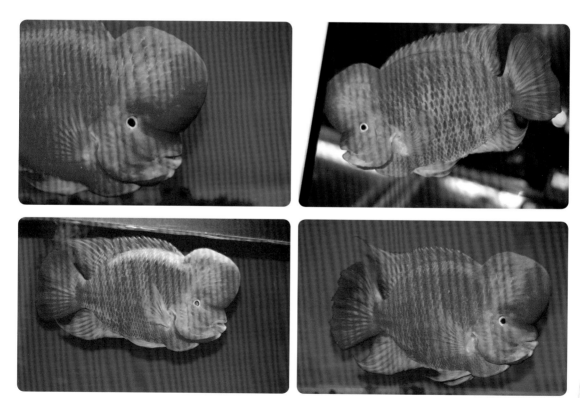

（七）极品短身鸿运寿星罗汉 之一

这条鱼具备了短身鸿运当头罗汉的所有优点，在参赛的几百条珍珠鸿运罗汉中脱颖而出成为冠军。它有一身夸张的艳丽红袍，体型是完美的正方形，整个水头深红色被亮点全部包满，水头已经过嘴，从侧面看宽过脸部很多，圆润饱满。拥有完美的包尾后三鳍，展开没有缝隙，媲美金花尾。身体墨斑较连。

细节展示

（八）极品短身鸿运寿星罗汉

　　体型为完美正方形的参赛级鸿运罗汉中鱼。整颗水头深红色，从侧面看头部很高，正面看头已宽过脸部很多。脸部红色凸出，标准的马骝脸，短嘴。身上布满晶莹的亮点，墨斑非常连贯。此鱼最大的特点是水头不但红而且上面布满金线，这在鸿运罗汉中是很难得的。灵性好、追手游动快也是此鱼的特色之一。

细节展示

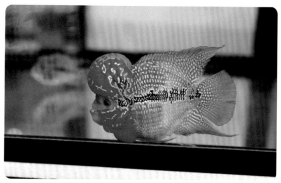

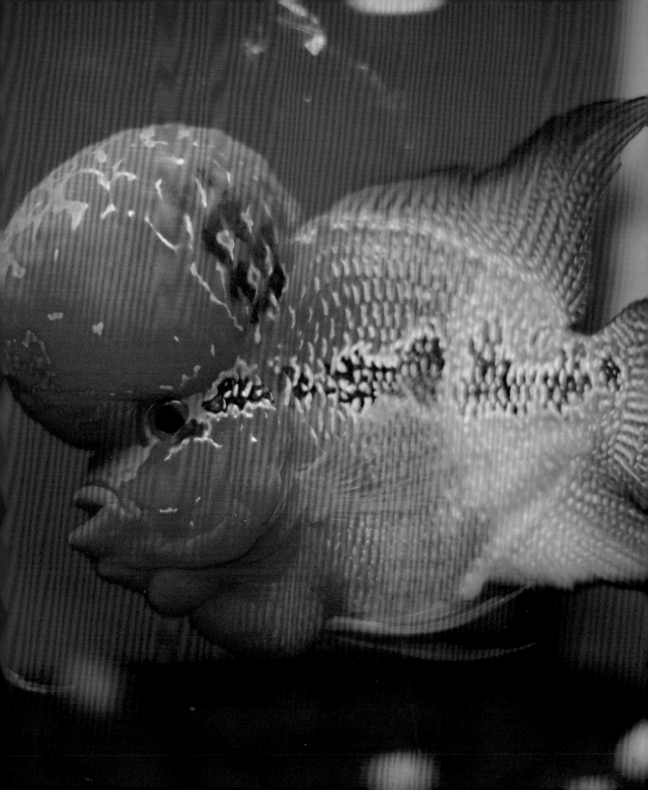

（九）极品短身巨头鸿运寿星罗汉

 （2012年12月泰皇杯罗汉鱼大赛季军）

此鱼非常完美，用一切衡量鸿运罗汉的标准来说，都已达到。体型是标准的正方形，巨大水头已经过嘴，鱼体色彩鲜艳，后三鳍宽大飘逸，追手游速快，手指哪儿追到哪儿，灵性超级好。在泰国众多养鱼场挑选出的最好的200多条鸿运罗汉中，拿到了季军。

❧ 细节展示 ❧

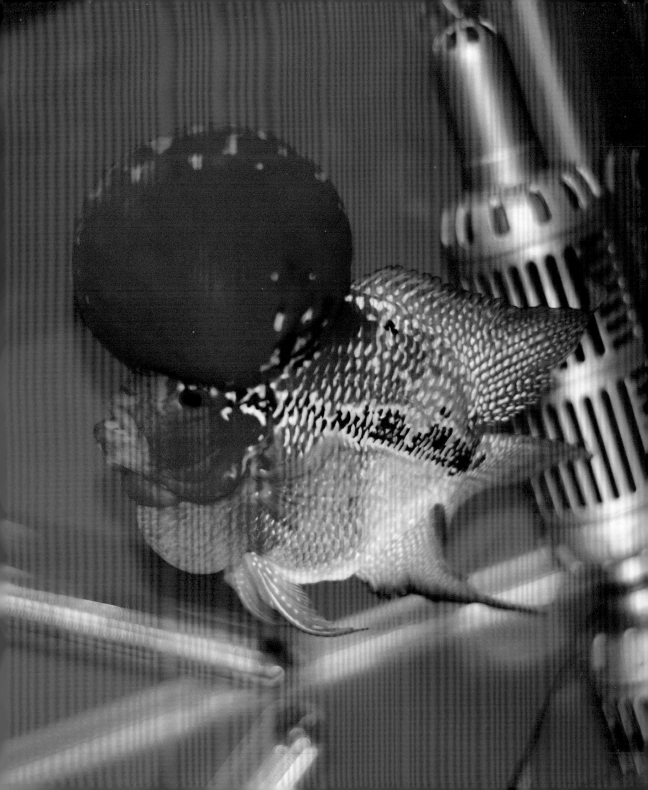

（十）极品短身巨头鸿运寿星罗汉

（2013年4月泰皇杯罗汉鱼大赛总冠军）

此鱼拥有教科书一般完美的短身体型和巨大的红色水头，颜色非常漂亮。眼睛是极其完美的凹眼，从正面看水头差不多已将眼睛覆盖，基本看不到眼睛了。这样品质的一条鱼，用语言来评论显得过于苍白了。

细节展示

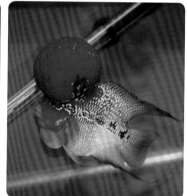

（十一）极品小巨头短身鸿运寿星罗汉 之一

　　这是一条极品爆头短身小鸿运罗汉。标准的短身正方形体型，马骝脸，脸部正面看艳红色鼓出，好像涂满腮红一般，短嘴，短薄而往后收。水头爆头齐嘴，正面看好似一个大红灯笼一般，全部覆盖深红色，没有一丝缝隙，头部宽过鼓脸很多。此鱼最大的优点在于，头上的亮点好像人工手绘一般，间隔整齐，分布均匀。宽大后三鳍，13厘米左右包尾。墨斑一条龙，从眼到尾连贯整齐并包裹银边。超快追手灵性，手到之处鱼必到。

细节展示

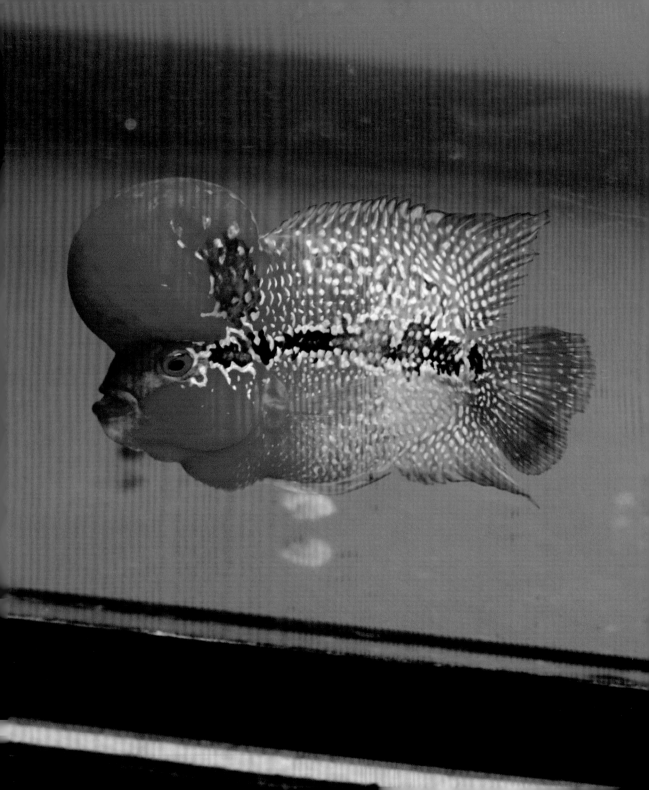

（十二）极品小巨头短身鸿运寿星罗汉 之二

　　此鱼是泰国一个曾经拿过树潘鸿运岁汉冠军的养鱼场的后备参赛鱼。包尾只有11厘米左右的小鱼，水头已经过嘴，并且整个水头大红色全部包满，无任何空隙。从侧面看红头像鲜艳的红绣球一样，宽过脸部很多，头大小的比例已经超过了很多成鱼。墨斑一条龙，非常连贯。颜色鲜艳，比一般的鸿运罗汉红很多。此鱼灵活性超好，手离鱼缸1米远，手指哪儿它就能游到哪儿，而且速度还很快。这是一条非常具有潜力的赛级极品巨头短身鸿运罗汉，前途不可估量。

细节展示

（十三）极品鸿运寿星罗汉

　　一条非常具有潜力的赛级鸿运寿星罗汉。将鸿运罗汉的红色和金马骝罗汉的金线完美结合。整颗水头完全深红色底，上面包满了亮度高且粗的金线。全身具有晶莹的鳞边和金点，闪闪夺目。墨斑一条龙，双排花。此鱼最大的优点在于有金花的血统，后三鳍宽大飘逸。

 细节展示

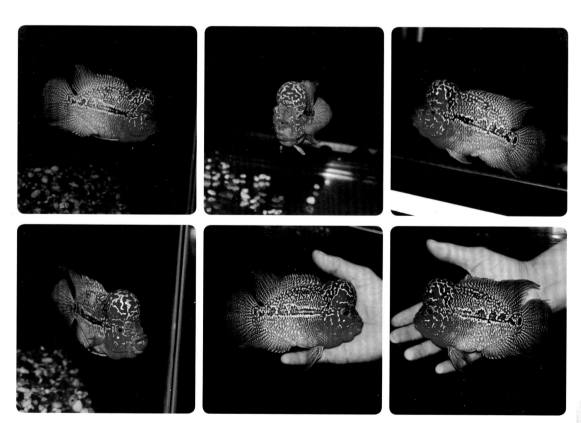

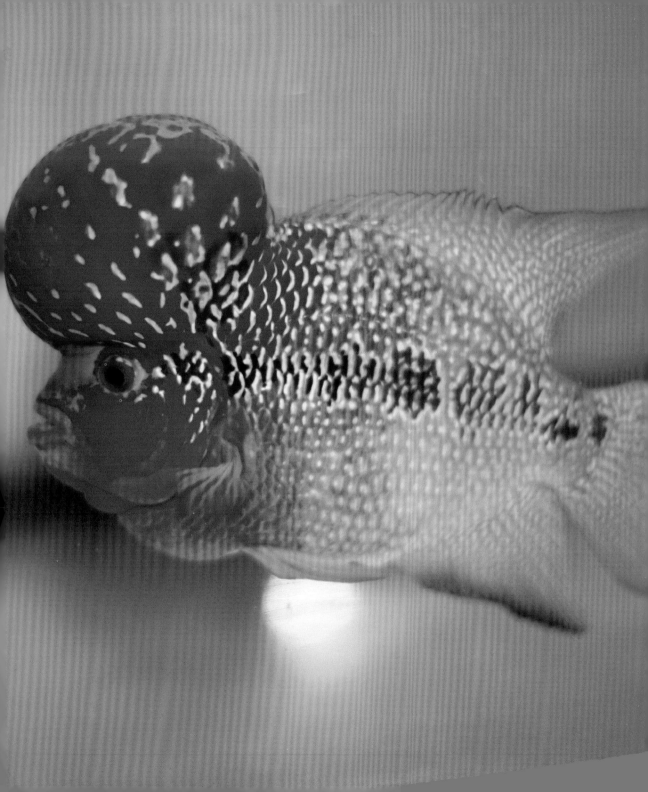

(十四) 极品巨头鸿运寿星罗汉 之一

此鱼有一颗巨大的大红水头，宽6~7厘米，既饱满又漂亮，从正面看已经宽过脸部很多。短嘴，墨斑较连。头上和身体上都有晶莹的亮片。体型协调，后三鳍宽大饱满。灵性非常好，手指哪儿追到哪儿，喜欢跟人嬉戏玩耍。这是一条可遇不可求的泰国赛级样板鸿运罗汉中大鱼。

细节展示

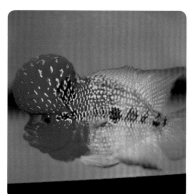

（十五）极品巨头鸿运寿星罗汉

这是一条整体品质非常高的鸿运罗汉中鱼。水头巨人，人红色，宽约6厘米，非常饱满，从正面看已经宽过脸部很多，长成会是巨头的个体。短嘴，鼓脸，墨斑较连。头上、身体上都被晶莹的亮片覆盖。体型协调，后三鳍宽大饱满。此鱼灵性极好，喜欢跟人玩耍，手指哪儿追到哪儿。

细节展示

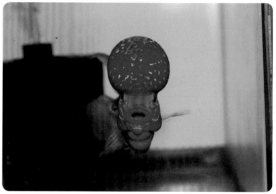

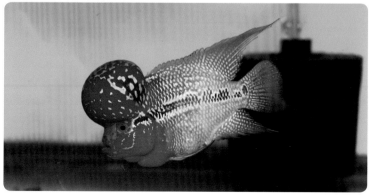

(十六) 黄金寿星罗汉

　　一条很干净的黄金寿星罗汉。黑纱基本褪干净，嘴形短，包尾15厘米，已经表现出成鱼的气质。饱满圆润的水头已经过嘴，像一个透明的乒乓球一样，非常漂亮。此鱼游速很快，经常摇头、晃尾、鼓腮。灵性非常好，可以说手指到哪儿追到哪儿。

细节展示

(十七) 极品短身黄金寿星罗汉

　　一条粉红色且非常漂亮的赛级短身黄金寿星罗汉。全身的黑纱褪得非常干净，看起来晶莹剔透。体型正方形，后三鳍宽大接近包尾，嘴形短，饱满圆润的水头已经齐嘴，从正面看宽过脸部很多。游速很快，经常摇头、晃尾、鼓腮，灵性非常好。此鱼具备了黄金品系罗汉所有的优点，是一条不可多得的赛级品质短身黄金寿星罗汉。

细节展示

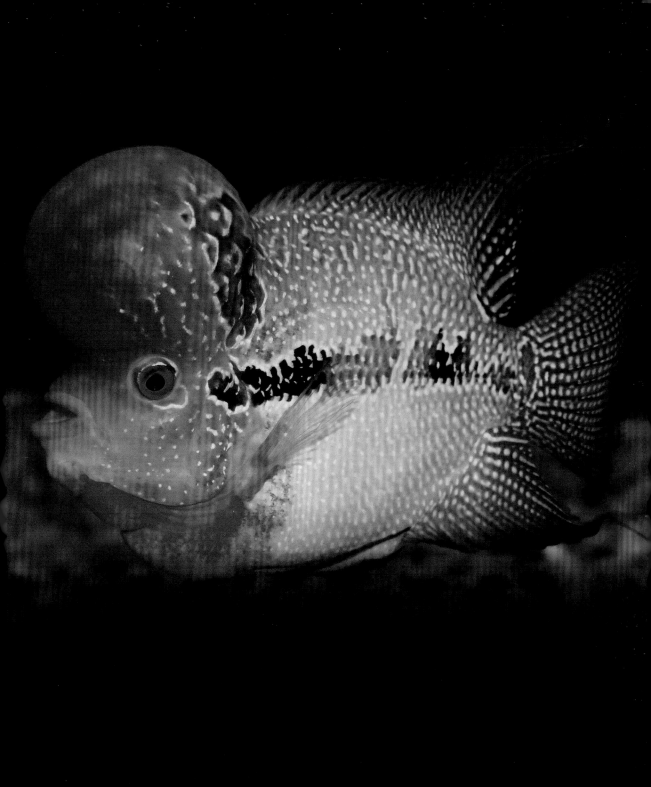

(十八) 极品短身巨头金猴子罗汉

　　这是一条非常难得的赛级品质巨头金猴子罗汉。此鱼拥有完美的1：1正方形体型，整体非常圆润饱满。水头的大小相当于英式台球，夸张的巨头头型，从正面看已宽出脸部很多。脸部金黄色鼓出，标准的马骝脸，墨斑一条龙，后三鳍宽大无瑕疵。追手灵性很好。

细节展示

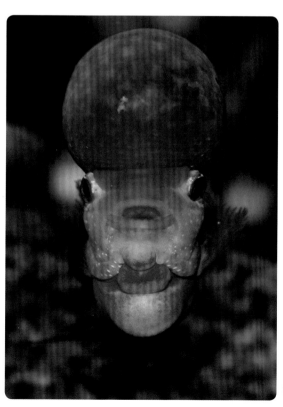

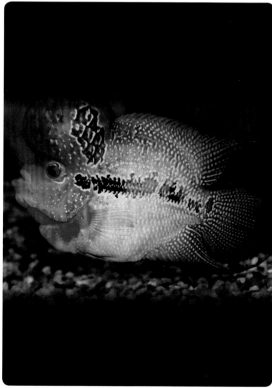

（十九）极品白眼帝王金花罗汉 之一

　　一条非常完美的赛级样板帝王金花罗汉中鱼。此鱼最大优点是水头包满金线，好像手绘一般，连贯且均匀。这种金线鱼小时候金线包满头很容易，但随着慢慢长大，金线会裂开或者变成暗线，像这条鱼这么大的水头并且金线如此完美的，实属罕见。同时此鱼全身也覆盖金线，整条鱼闪闪夺目，非常漂亮。此鱼是标准的白眼，后三鳍宽大飘逸。

细节展示

（二十）极品白眼帝王金花罗汉

之二 （2013年2月泰国树潘罗汉鱼大赛金花组冠军）

　　这条鱼有一身金属色的金光闪闪的蛇纹线，包括腹部，全部包满。体型完美，接近短身，标准的白眼。此鱼在几百条竞争对手中，力克群雄获得了金花组冠军。

细节展示

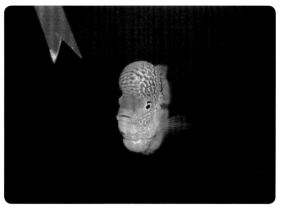 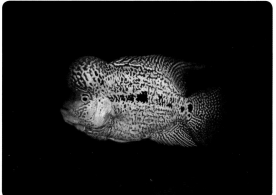

（二十一）极品白眼帝王金花罗汉 之三

　　此鱼是一条非常有潜力拿奖的赛级小白眼帝王金花罗汉。它集合了帝王金花罗汉的所有优点。底色很红，身体包括后三鳍都非常红。全身覆盖亮度极高的金点和金线。头上包满很粗很密的蛇纹线。短嘴，白眼。后三鳍宽大饱满，标准的金花尾，背鳍很高，非常漂亮。游速快，追手好，经常摇头、鼓鳃。

细节展示

（二十二）极品白眼帝王金花罗汉 之四 （2014年2月泰国罗汉鱼大赛亚军）

一条拉线非常经典的亚军金花罗汉，长大会是爆头拉线的极品。此鱼水头很大，已齐嘴，正面看宽过脸部很多，水头上包满了密度很高很亮的拉线，闪闪夺目。全身的金线即使关灯拍摄也具有非常高的金属感。标准的白眼，包尾12厘米。这条鱼的品质代表了泰国金花罗汉鱼种的最高水准。

细节展示

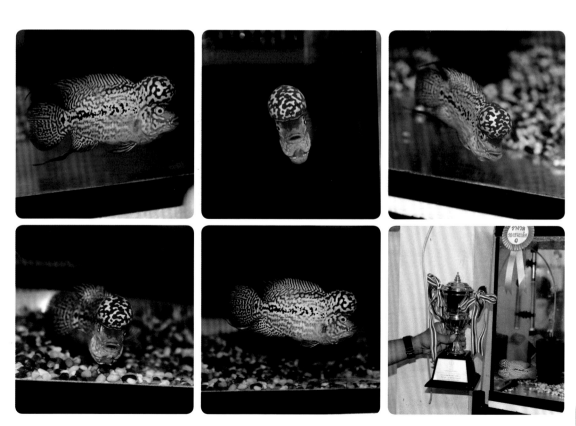

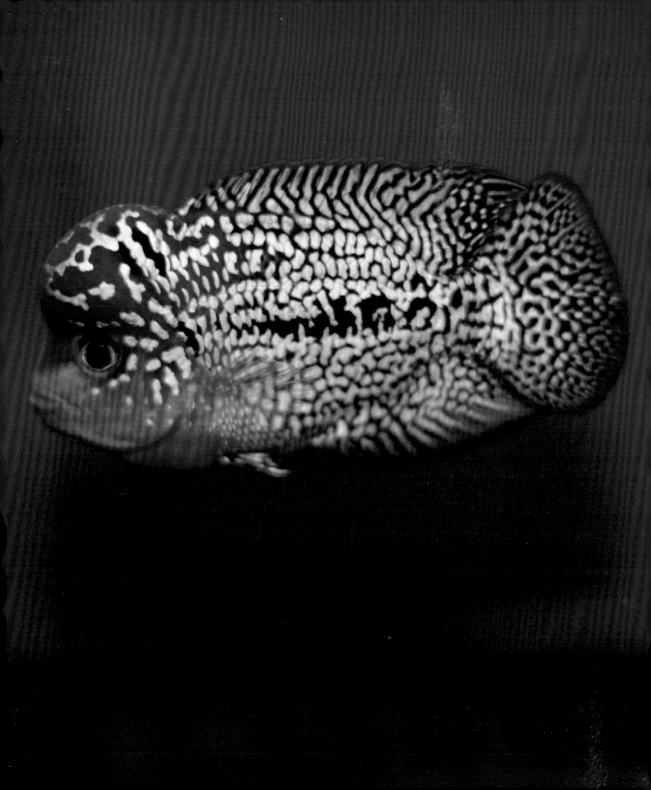

（二十三）极品白眼帝王金花罗汉 之五

此鱼拥有教科书上才可以看到的标准金花罗汉特征。后三鳍宽大且包尾，无一丝缝隙。背鳍很高，尾鳍扇形圆润，腹鳍宽大有力。后三鳍包满蛇纹线，即使关灯看也是闪闪发光。标准的白眼。水头红色底，包满了连贯、完整且亮度很高的蛇纹线。鱼身呈现多种色彩，身体后半部完全被大而密的亮片所覆盖，没有空隙，这在帝王金花罗汉中也是非常罕见的。

细节展示

(二十四) 极品白眼无斑帝王金花罗汉

　　这条鱼将无斑金马骝罗汉的金线、无墨迹与金花罗汉的体态、白眼相结合，全身覆盖密度和亮度都极高且粗的蛇纹金线，包括后三鳍。最难得的是腹部和下巴这些一般金线鱼没有金线的部位，都被金线全部盖满。头上同样包满蛇纹金线，脸部凸出。由于金线太密，所以覆盖了墨斑，但仍能看出此鱼的底色非常红。此鱼作为帝王级别的金花罗汉当之无愧。

细节展示

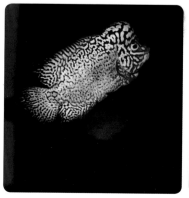

(二十五) 极品白眼重金属帝王金花罗汉

　　这是一条全身布满重金属蛇纹线的顶级帝王金花罗汉。此鱼的金线质感非常强，不仅密且亮度极高，可以说是金线鱼中最好的几条之一。标准的白眼，墨斑一条龙，后三鳍宽大飘逸。

细节展示

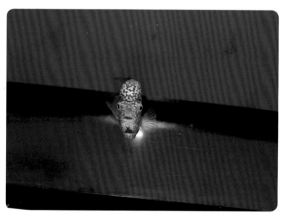
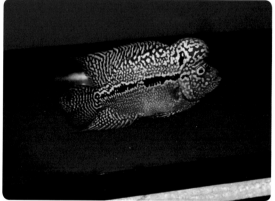
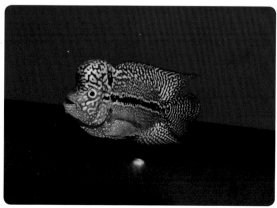
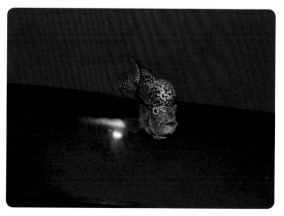

（二十六）极品帝王金花罗汉

（2012年12月泰皇杯罗汉鱼大赛
金花组亚军）

这条极品帝王金花罗汉的金线非常漂亮，堪称完美，又粗又密，头中间全部包满。整个水头已经齐嘴。

细节展示

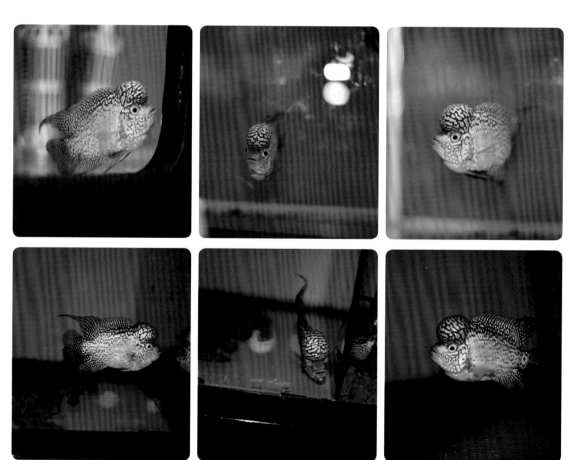

（二十七）极品红眼帝王金花罗汉

（2013年4月泰皇杯罗汉鱼大赛金花组冠军）

这是一条拥有非常完美的金线札教科书上才能看到的标准金花后三鳍的冠军鱼。

细节展示

(二十八) 极品短身白眼帝王金花罗汉

这是一条赛级样板短身帝王金化罗汉。此鱼是少见的金花罗汉短身体型，紧凑饱满，水头已齐嘴，从正面看宽过脸部很多，并且包满了亮度极高的蛇纹线。前半身深红色底色，后半身金黄色底色。标准的白眼凹眼，干净清澈。后三鳍宽大并且非常红。这是一条可以达到泰国罗汉参赛鱼标准，有拿奖潜质的高品质金花罗汉。

细节展示

(二十九) 极品短身白眼无斑帝王金花罗汉

　　一条综合了金花罗汉所有优点的极品短身帝王泰金罗汉。体型为正方形，这在泰金罗汉中是非常罕见的。拥有漂亮的后三鳍，尾鳍宽大，背鳍很高，包尾10~11厘米，包合的非常完美。金花眼、白眼、平嘴。全身、腮盖、水头都包满亮度很高很粗的蛇纹线。由于亮线及亮片覆盖，鱼身已基本没有墨斑，属于少见的无斑个体。此鱼曾拿过一个小比赛的冠军，是泰国业者公认的会在泰国全国罗汉鱼大赛金花组中拿奖的准冠军。

🐟 细节展示 🐟

（三十）极品短身德萨金花罗汉

　　一条品质非常完美，接近满分的短身德萨金花罗汉。泰国历年海报上的德萨罗汉都没有一条能与之比拟。此鱼综合了水头过嘴并且包满拉线，黑纱全部褪掉，全身变橙红色，短身短嘴体型，后三鳍饱满无缺陷等优点。这条鱼在较小的时候就已经是一条非常有名的鱼了，曾经拿到过泰国曼谷罗汉鱼大赛的冠军。

细节展示

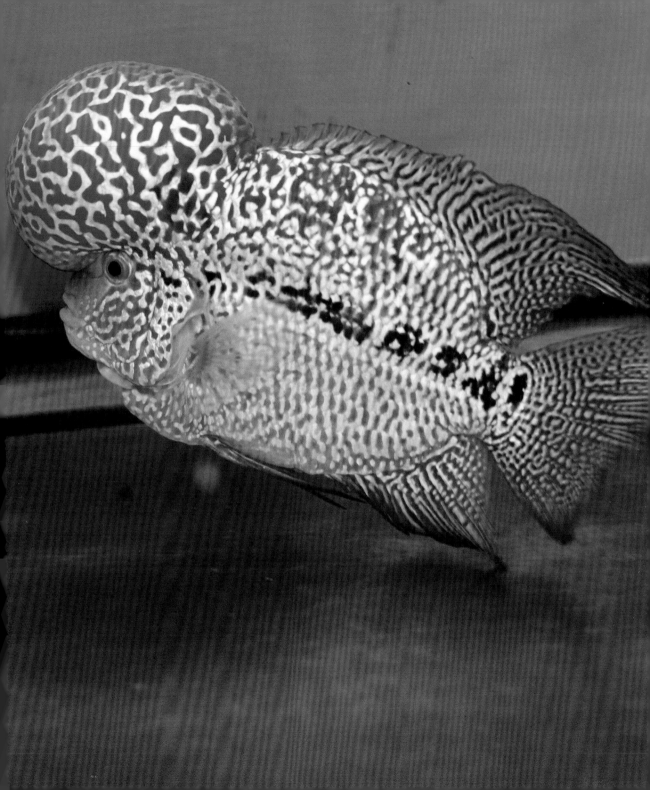

（三十一）极品巨头帝王金花罗汉

（2014年2月泰国罗汉鱼大赛总冠军，金花组冠军）

　　这是一条罕见的帝王金化罗汉，其拥有金花岁汉完美的各项体征指标。有一颗非常震撼且巨大的水头，从侧面看已经过嘴很多。头上包满了蛇纹线，全身也包满了晶莹的亮线。短嘴、马骝脸，后三鳍宽大饱满。此鱼在小鱼时就曾拿过奖。

🐟 细节展示 🐟

(三十二) 极品血红底白眼帝王金花罗汉

一条让人一见倾心的白眼帝王金花罗汉。此鱼集合了帝王金花罗汉的所有优点。底色血红色，比很多鸿运罗汉还要红，这在金花罗汉上是非常罕见的。全身包括后三鳍都非常红，由于覆盖亮度和密度极高的橙色金点和蛇纹线，所以后半身红底被覆盖。短嘴，白眼，后三鳍宽大，标准的金花尾，背鳍很高。游速快，追手好，状态佳，经常摇头、鼓鳃。此鱼在泰国也是家喻户晓的极品鱼。

细节展示

（三十三）极品白眼超红底金马骝罗汉

　　此鱼有可以媲美鸿运罗汉的超红底色，可以媲美金马骝罗汉的包满水头的拉线，可以媲美金花罗汉的干净透彻的白眼，是一条可遇不可求的赛级极品白眼金马骝罗汉，长大后完全具备拿奖的潜力。此鱼是泰国最有名的、代表了泰国精品罗汉鱼最高水准的一家养鱼场出品，是此养鱼场后备参赛鱼。

细节展示

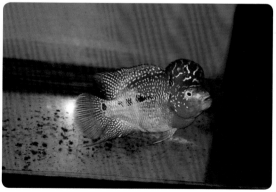

（三十四）极品白眼重金属金马骝罗汉

　　一条金线、亮片都非常经典的重金属赛级精品金马骝罗汉。头部、鳃盖、全身都包满密度和亮度极高且粗的蛇纹线，并且头上中间全部包满重金属色非常强烈的金片，可以看出整条鱼像金块一样，闪闪发光。脸部凸出，标准的马骝脸，水头侧面看已齐嘴，包尾10多厘米，最难得的还是白眼。此鱼有金花的血统，但更偏向于马骝，所以我们称其重金属金马骝罗汉。

🐟 细节展示 🐟

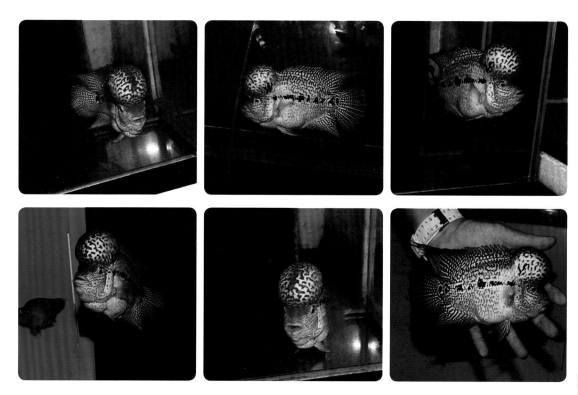

(三十五) 极品短身重金属金马骝罗汉

　　这是一条在泰国具备参赛拿奖品质的赛级样板短身重金属金马骝罗汉中大鱼。标准的正方形体型，身上全部覆盖金属感很强的亮片，包括腹部全部包满。底色很红，但是被亮片覆盖，所以从视觉上会觉得红色部分比较少。从侧面看水头已经齐嘴，并且头上包满了很粗很密的重金属蛇纹线。包尾大概17厘米。

细节展示

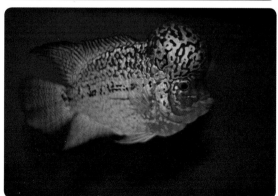

(三十六) 极品短身巨头金马骝罗汉

　　一条非常漂亮的极品短身巨头小金马骝罗汉。之所以叫作巨头小金马，是因为它小小的身体和水头的比例，已经超过了很多成鱼水头和身体的比例大小。包尾只有8厘米，水头就已经齐嘴了，从正面看整颗水头像包满金线的玻璃球，在灯光下闪闪发光。小鱼体型是标准的正方形，后三鳍宽大，背鳍很高。头上、身体、鳃盖都覆盖了亮度极高的蛇纹线和亮片，短嘴。

🐟 细节展示 🐟

（三十七）极品金马骝罗汉

　　一条金线非常漂亮的冠军赛级品质金马骝罗汉。近期泰国业者公认的最好的一条罗汉鱼。此鱼的金线又粗又密，好像人工手绘的罗汉鱼缸贴一般完美。全身无斑，亮片也如同手绘一般整齐排列，全部"画满"。包尾12~13厘米，长成后前途不可估量。

细节展示

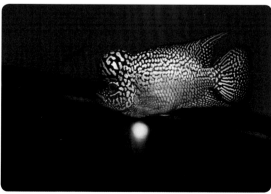

(三十八) 极品巨头金马骝罗汉

　　此鱼获得过泰国罗汉鱼大赛冠军。它曾出现在泰国的精品画报上，同时，很多泰国罗汉鱼杂志的封面和介绍都有这条鱼。这是多年难得一见的极品金马骝罗汉。此鱼有一颗巨大的头，直径大概8厘米左右，从正面看已经宽过脸部很多，并且包满亮度和密度极高的金线。很多金马骝罗汉小时候水头都被金线包满，但随着慢慢长大，水头变大，金线就会撑开，中间变浅、变成暗线或者完全消失。所以能长到这么大头并且金线全部包满的实属罕见。

细节展示

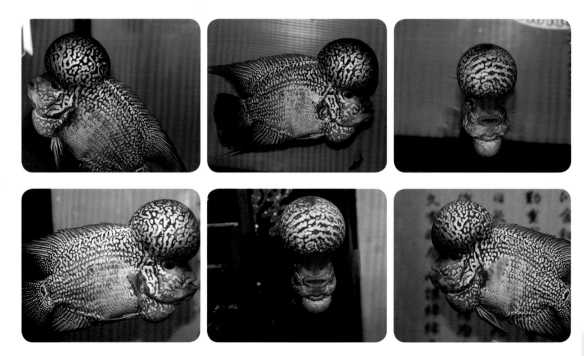

(三十九) 极品无斑金马骝罗汉 之一

这是金线最动人心魄的一条极品无斑金马骝罗汉中成鱼。全身覆盖密度和亮度极高的蛇纹金线，包括后三鳍。难得的是腹部和下巴也被金线全部包满。头已经齐嘴，头部和鳃盖同样包满很粗的蛇纹金线，脸部凸出，正面看头已宽过脸部很多。此鱼最大的优点是身上亮片密度极高，已经完全将墨斑覆盖，所以全身看起来没有一点黑斑。此鱼是泰国一位鱼场主养殖罗汉鱼5年中培育出来的最好的一条金马骝罗汉。

细节展示

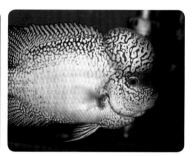

（四十）极品无斑金马骝罗汉 之二

　　这是一条样板赛级极品无斑小金马罗汉。此鱼头已齐嘴，并包满了蛇纹金线，脸部凸出。全身及后三鳍也被密度和亮度极高的蛇纹金线覆盖，连腹部和下巴这些一般金线鱼没有金线的部位都被金线盖满。由于金线太密，所以也将墨斑覆盖。其实很多无斑的金马骝罗汉都是因为身体被粗、亮的金线覆盖，所以看起来像是没有墨斑一样。此鱼游速快，与人互动能力强。

(四十一) 极品无斑金马骝罗汉 之三

一条极品样板赛级无斑马来纯种金马骝罗汉。全身覆盖密度和亮度极高的蛇纹金线，包括后三鳍。最难得的是腹部和下巴都被金线全部盖满。头已经齐嘴，同样包满了蛇纹金线，脸部凸出。由于金线太密，以致覆盖了墨斑。很多无斑的金马骝罗汉都是因为身体被粗、亮的金线覆盖，所以看起来像是没有墨斑。此鱼游速快，灵性好。

细节展示

（四十二）极品重金属短身金马骝罗汉

　　一条高品质赛级极品重金属短身金马骝罗汉中人鱼。此鱼拥有一身完美的重金属蛇纹线，即便是关灯拍摄也是金光闪闪，耀眼夺目。鳃盖、腹部、水头都包满了亮度和密度极高的蛇纹线。同时此鱼的底色也是较红的，其品质已经具备了泰国参赛拿奖的潜力。

细节展示

(四十三) 极品白眼短身雪山罗汉

之一

　　一条非常漂亮且品质极高的白眼雪山罗汉样板鱼。体型是标准的正方形，水头像玻璃球一样透明、探出，从正面看已经宽过脸部很多。全身非常干净，没有一点黑纱，好像一块上品的和田玉一样，白润纯净，没有瑕疵。包尾15厘米左右。灵性非常好。

细节展示

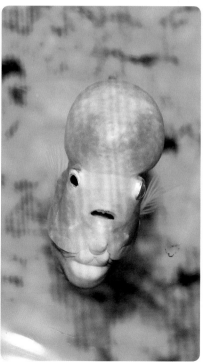

149

（四十四）极品白眼短身雪山罗汉

　　此鱼满足雪山罗汉所有的优点要求，全身很干净，头上有红点，背鳍上还有一点黑纱，但会慢慢褪掉。这是真正雪白的雪山罗汉，体型是标准的正方形，水头如玻璃球一般透明，向前探出，而且从正面看已经宽过脸部很多。

细节展示

(四十五) 极品白眼短身雪山罗汉

　　一条标准的白眼雪山罗汉，状态非常好。已经爆头，水头像玻璃球一样透明、探出。好的水头A级雪山罗汉已经越来越少了，白眼的水头更是凤毛麟角。此鱼全身非常干净，身体好像白色绸缎一样发亮，没有一点黑纱，而且体型是正方形。

细节展示

附录 常用药物名称及用法速查

（一）孔雀石绿

1.性质

绿色有金属光泽的晶体，易溶于水，水溶液呈蓝绿色。

2.作用及用途

杀菌、驱虫剂。孔雀石绿是药用染料中抗菌效力最强大的一类，用于治疗水霉病、烂鳃病、烂鳍病及寄生虫病等。

3.用法与用量

用于药浴法治疗时，以1~5毫克／升浸泡病鱼，每天持续40分钟，可防治烂鳍、烂鳃病；用6~8毫克／升浸泡病鱼，每天持续5~10分钟，可以治疗水霉病。用于涂抹法时，以0.1%的孔雀石绿溶液涂抹伤口，防止感染。

4.注意事项

（1）孔雀石绿不可接触锌或镀锌的金属容器，因为它可以溶解锌，从而引起急性锌中毒。治疗时还应该避光。

（2）孔雀石绿会引起鱼的消化道、鳃及皮肤轻度发炎，从而影响鱼的摄食及生长，所以不能经常使用。

（3）孔雀石绿具有致癌作用，所以操作人员应注意保护皮肤，避免直接接触。

（二）氯化钠

1.性质

氯化钠白色四方结晶颗粒或粉末，易溶于水，水溶液中性、味咸。饲养观赏鱼常用氯化钠（食盐）的初级产品——粗盐。

2.作用及用途

有消毒、驱虫的功效。低浓度对病原体的生长有刺激作用，是病原体生长所必需的；浓度较高时，则能抑制病原体的生长；浓度更高时可将病原体杀死。用于防治细菌、真菌及寄生虫病。

3.用法与用量

用于药浴时，用0.1%~0.3%的粗盐溶液浸泡病鱼，每天持续20~30分钟，可防治细菌病、霉菌病和寄生虫病等。

（三）敌百虫

1.性质

白色结晶，有芳香味，易溶于水。敌百虫制品非常稳定，室温下密封可保存2年；在空气中易吸湿结块或潮解。其酸性溶液比较稳定，但在碱性环境中易分解失效。

2.作用及用途

广谱驱虫、杀菌剂，不仅对体外寄生虫有杀灭作用，对体内寄生虫亦有驱虫效果。用于防治各种寄生虫，如锚头蚤等。

3.用法与用量

用于药浴时，以0.5毫克／升溶液浸泡病鱼，每天持续30分钟左右，可治疗寄生虫等疾病。

4.注意事项

（1）敌百虫药效和毒性因养殖方式、水质、鱼体大小等不同而有较大的差异，应根据具体情况酌情使用。

（2）敌百虫毒性虽然比其他有机磷制剂低，但仍属于剧毒药物，操作和保存均应注意安全。

（四）呋喃西林（黄粉）

1.性质

呋喃西林为柠檬黄色结晶性粉末，稍呈苦味，难溶于水，对光相当敏感，易分解，须在暗处存放。

2.作用及用途

广谱抗菌药，用于治疗罗汉鱼皮肤病，如水霉病、充血病、伤口感染等；对于细菌感染、竖鳞病、肠炎病等也有很好的效果。

3.用法与用量

用于药浴时，以2毫克／升的黄粉浸泡病鱼，每天持续30分钟。用于内服时，以12毫克／千克鱼体重，混入饵料中，连续服用，直到病情好转。

4.注意事项

底砂和过滤器中的过滤棉对呋喃西林有很强的吸附能力，所以如果在原水族箱中浸泡病鱼，要保持每天添加新药，否则达不到治疗效果。

（五）高锰酸钾

1.性质

深紫色或古铜色结晶，无臭，易溶于水，水溶液浓度不同，颜色也不尽相同，浅时为粉红色，最深为紫色，在空气中不易分解。

2.作用及用途

消毒剂、杀虫剂。属于强氧化剂，遇到有机物起氧化作用。防治细菌性烂鳃病效果明显。

3.用法与用量

用于药浴和消毒时，以5毫克／升溶液浸泡病鱼30分钟，可治疗多种细菌病。用于消毒水族箱和养鱼器具时，以2毫克／升的溶液浸泡20分钟，结束后清洗干净即可。

4.注意事项

在操作时注意保护双手，以免灼伤皮肤。

（六）硫酸铜

1.性质

为蓝色透明结晶、蓝色颗粒或蓝色粉末，易溶于水，水溶液呈酸性。如储存环境过于潮湿，可能会潮解，但不影响药效。

2.作用及用途

杀虫剂、消毒剂，可杀死鱼体外寄生虫，也可用于杀灭病原菌。

3.用法与用量

用于药浴时，以8毫克／升的硫酸铜溶液浸泡病鱼，每天20～30分钟，可防治烂鳃病、车轮虫病等。

（七）福尔马林

1.性质

福尔马林是含甲醛37%～40%、甲醇8%～15%的水溶液，通常为无色澄清液，有强烈刺激性气味。呈酸弱性，当放置太久或温度降至5℃以下时，易凝集成白色沉淀物，升温后可重新澄清。

2.作用及用途

对各种微生物、寄生虫具有杀灭作用。用于罗汉鱼体表和腮部致病病原体的杀灭，并可用于养鱼器具和水族箱的消毒。

3.用法与用量

用于药浴时，以2～3毫克／升的溶液浸泡病鱼，每天持续30分钟。用于水体消毒时，以2毫克／升的溶液刷洗和浸泡水族箱和养鱼器具，可达到消毒的目的，结束后清洗干净即可。

4.注意事项

（1）过量使用会对罗汉鱼产生毒性。

（2）在使用时要注意保护眼、口、鼻、手，以免被药液灼伤。

（八）漂白粉

1.性质

含氯消毒剂，白色颗粒或粉末，有氯臭，水溶液呈浑浊状，碱性，遇水生成有杀菌力的次氯酸和次氯酸离子，对病毒、细菌、真菌均有不同程度的杀灭作用。在水中作用时间较短，约30分钟左右失效。粉剂如不在干燥、密封、闭光的条件下保存，也易分解失效。漂白粉含有效氯25%～32%，随保存时间的延长而逐渐衰减，低于15%则不能使用。由于漂白粉价格低廉，广谱高效，在鱼病防治和治疗中被广泛使用。

2.作用及用途

为广谱消毒剂，用于杀灭水中的各种病毒、细菌、真菌。由于水溶液呈碱性，也可起到调节水体pH值的作用。

3.用法与用量

用于治疗罗汉鱼疾病时，以3毫克／升的溶液浸泡病鱼，每天持续30分钟，直到病情好转。

4.注意事项

（1）使用过量对鱼的体表及腮部有强烈刺激，可导致浮头，严重时会立即死亡。

（2）在使用时要注意保护眼、口、鼻、手，以免被药液灼伤皮肤及呼吸道。

（3）保存在密封容器内，置于阴凉、干燥通风处。

（九）亚甲基蓝

1.性质

亚甲基蓝又称次甲基蓝，为发亮的深绿色结晶或细小深褐色粉末，带青铜光泽，无气味。在空气中稳定，能溶于水，水溶液呈碱性，蓝色。

2.作用及用途

杀菌杀虫剂，用于防治水霉病、小瓜虫病、车轮虫病等。

3.用法与用量

用于治疗罗汉鱼疾病时，以3毫克／升的溶液浸泡病鱼，每天持续30分钟，直到病情好转。

（十）呋喃唑酮（痢特灵）

1.性质

呋喃唑酮俗称痢特灵，黄色粉末，无臭，微苦，难溶于水，水溶液为淡黄色，后逐渐加深呈土黄色。

2.作用及用途

广谱抗菌药，毒性较低，用于治疗黏细菌性烂鳃病、烂尾病或由单胞菌引起的体表、鳃病、肠炎病等。

3.用法与用量

用于药浴时，以1～2毫克／升的溶液浸泡病鱼，治疗黏细菌引起的疾病；用于内服时，一次用量为0.1～0.2克／千克鱼体重，混入饵料中，让病鱼连服3天，可治疗肠炎病，烂鳃病等。

4.注意事项

细菌对此药物容易产生耐药性，不可长期使用。

（十一）青霉素钠和青霉素钾

1.性质

白色结晶性粉末，无臭或微有特异性臭，有吸湿性，在水中极易溶解，遇酸、碱等氧化剂立即失效，水溶液在室温放置易失效。

2.作用及用途

抗生素类药，用于防治鱼在运输时身体受到的感染，也用于治疗鱼类外伤感染。此外，如果采用注射方法治疗，对于肠炎病等细菌引起的疾病治疗效果也较好。

3.用法与用量

用于药浴时，以400万～800万单位／立方米青霉素溶液浸泡病鱼，每天持续30分钟，直到病情好转。用于肌肉或腹腔注射时，一次用量为10万～20万单位／千克鱼体重。

4.注意事项

（1）使用时，注意瓶子标签上标示的单位，根据用量进行计算。

（2）注意标签标示的有效期，过期药物已失效，千万不可使用，以免贻误病情。

（十二）大蒜

1.性状

地下鳞茎球形或扁球形，由6～10个肉质瓣状小鳞茎组成，外包灰白色或淡紫红色干膜质鳞皮，具有强烈的臭辣味。

2.作用及用途

抗菌中药，具有广谱抗菌作用，对真菌也有抑制作用，主要成分大蒜素为一种植物新杀菌素，用于防治肠炎病。

3.用法与用量

用量为10～30克／千克鱼体重。使用时，先将大蒜捣碎，然后和饵料混合，并加入适量粗盐，晾干后即可投喂。每天投喂1次，连续6天，可防治肠炎病。

（十三）大白片

1.性质

英国大白片，是一种口碑非常好的进口治疗药物，其药性特别温和，不伤鱼。

2.作用及用途

用于治疗鱼类头洞、擦身、肿嘴、突眼和体内寄生虫引致的昏睡病及鱼色变淡或黑，以及肠胃寄生虫引致的胀肚症状，对龙鱼、花罗汉、七彩神仙及海水类鱼患肠道感染也特别见效，同时还可医治无脊椎生物水族箱内的鱼类白点病及丝绒症，绝不损害水草、无脊椎生物及硝化细菌。

3.用法与用量

每22.5升一片。计算式：水族箱的长×宽×高（水族箱中水的水位）÷22.5，求出的就是需要用的片数。先将药片溶解于水，然后再放入水族箱内。施药时配合使用维生素及微量元素，效果会更佳。